经管文库·管理类

前沿·学术·经典

我国科技治理体系研究

A STUDY ON THE GOVERNANCE OF SCIENCE AND TECHNOLOGY IN CHINA

朱本用 著

经济管理出版社
ECONOMY & MANAGEMENT PUBLISHING HOUSE

图书在版编目（CIP）数据

我国科技治理体系研究/朱本用著．—北京：经济管理出版社，2023.12
ISBN 978-7-5096-9551-7

Ⅰ.①我…　Ⅱ.①朱…　Ⅲ.①科研管理—管理体系—研究—中国　Ⅳ.①G322

中国国家版本馆 CIP 数据核字(2024)第 021214 号

组稿编辑：赵天宇
责任编辑：赵天宇
责任印制：许　艳
责任校对：王淑卿

出版发行：经济管理出版社
（北京市海淀区北蜂窝 8 号中雅大厦 A 座 11 层　100038）
网　　址：www. E-mp. com. cn
电　　话：（010）51915602
印　　刷：唐山玺诚印务有限公司
经　　销：新华书店
开　　本：720mm×1000mm/16
印　　张：13.25
字　　数：207 千字
版　　次：2024 年 2 月第 1 版　　2024 年 2 月第 1 次印刷
书　　号：ISBN 978-7-5096-9551-7
定　　价：88.00 元

前　言

20 世纪 90 年代后，治理理论成为西方公共管理领域新的研究热点，被认为可以克服市场缺陷和国家缺陷所导致的管理危机，并延伸到科技政策与管理领域，以缩小“后学院科学”时代政府、科学共同体与社会公众之间的分歧。随着科技政策与管理进入“科技治理”时代，运用治理的理念、方法和策略来解决我国科技发展中存在的利益纠纷和矛盾冲突，克服科技管理体制深化改革的阻滞，协调科技活动中各方的利益与政策诉求，减少认知分歧对科技政策执行造成的阻碍已成为我国当前科技体制改革深入进行的关键因素之一。

科技治理是政府主导下的科技政策与管理领域的新变革，从治理理论入手，以科技治理为切入点，构建我国现代科技治理体系，理论与实际意义重大。通过对治理模式和我国科技治理现状的综合考察，提出科技治理的新模式——科技治理的柔性模式，即以治理主体的多元化和协调合作为核心，以科技治理议题为切入点，注重责任文化与科学精神建设，通过灵活多样的科技治理工具和以政策为导向的多层次学习机制，借助价值敏感性设计、技术利基、共同生产等治理工具的使用，推动我国战略性新兴产业的健康快速发展，完善我国的科技治理结构，提升科技治理能力。科技治理的柔性模式以多元主体参与、民主协商、互动合作应对科技治理风险，倡导政府权力开放，通过中央政府和各级地方政府展开形式多样、内容丰富的国际科技合作，科学共同体坚持负责任创新，在转基因作物研发、纳米制药等前沿热点问题上展开协作治理，强化主体间信任，重视以科协为代表的科技型非政府组织的作用，坚持提升公民的科学素养，实现公众深度参与科技治理实践；关注治理成本和治理绩效，政府、科学共同体与社会公众以信息交流、人员流动、资源共享开展互助合作，以集体选择和合作共识的达成应对科技治理中的认知分歧和利益对抗。

科技治理理论契合我国科技政策与管理领域的改革趋势，是现代国家治理体系在科技政策与管理领域的重要体现，为当前科技管理体制深化改革的顺利推进提供了新的理论参考。通过对我国科技治理体系的研究，特别是科技治理柔性模式与多层次学习机制的构建，为我国科技治理进程提供理论借鉴。今后还需根据社会治理实践和科技发展的新思路、新要求作进一步的深入研究与创新。

目　录

绪　论

一、问题的提出

20 世纪 90 年代后，治理理论成为西方公共管理领域的新热点，并被认为可以克服由市场缺陷和国家缺陷所导致的管理危机。治理理论在哲学领域早已被用于分析国家权力机制的运作。迈克尔·波兰尼（Michael Polanyi）提出“多中心”（polycentricity）的概念，意指组织社会运作中主体间通过自我调适实现运作的自发和有序。米歇尔·福柯（Michel Foucault）1976~1984 年在法兰西学院授课时，就已经从国家权力运作和实践的角度解析治理，提出治理可以被认为是一种治理术或者治理的技术，并指出其蕴含自我行为和人的行为的双重含义，为自我管理的提出找到起点。福柯提出的治理术围绕国家理性，重视国家权力机制建设，为国家权力运作提供有效的治理方式。

近年来，针对科技的“治理”问题逐渐被科学哲学家和科学社会学家重视。麻省理工学院的《科学技术指导手册》就从科学技术与社会（Science，Technology and Society，STS）视角探讨了科学技术治理。英国华威大学教授史蒂夫·富勒（Steve Fuller）以科学家的犯错权为切入点，提出科学共和主义策略，强调科学与社会互动中公众参与的重要性。通过科学的世俗化与民主化实现科学家的专业性与公众的广泛代表性相结合。重视大学的作用，减少国家对科学的干预，扩展同行评议的广度与深度，建立科学决策论坛。

随着经济全球化的深入，国际性科技议题不断增多，科技风险和复杂性也随之变大，推动科技发展的主力军从政策指引转为由前沿科技议题带动，通过主体多元化减少认知分歧，达成政策共识，从治理视角解读科技政策与管理体制改革已成为学界的热门话题。科技治理的兴起与发展，离不开科学技术在当今社会发展中所扮演的关键角色，前沿科技议题更是关系到各国综合国力和国际地位的提升；科技风险所导致的政府监管难度与应用成效的未知性大大增加，其风险已无法提前确定和预判，前沿科技应用所涉利益主体不断扩大，科学共同体已无法维系自身的价值中立，社会公众对政府和科学共同体主导的科技政策与管理体制的质疑与挑战。在我国同样面临着上述问题，转基因作物研发推广中各治理主体间的对抗博弈、核能开发与社会文化层面的冲突、纳米医药研发中数据泄露与隐私保护等问题表现得较为突出。为实现前沿科技治理议题的有序推进，重视科普教育，提升公众科学素质，推动科学共同体、社会公众与政府之间的互动交流，坚持负责任创新与负责任传播，破除传统的科技政策与管理体制和科技发展不适应的部分，正视科学议题与道德、社会、伦理和其他利害关系交织的复杂现状，引入并践行科技治理观念，构建涵盖所有利益相关主体的协调机制，有序推进科技管理体制改革。

对科技治理的理解，可以从两个层次出发，分别是公共管理领域和科技管理领域。就公共管理领域而言，是借助技术创新、科学突破、科研精神为公共管理活动提供技术援助与支持，解决公共管理实践困境，重视治理实践中的“科技性”，覆盖面更广，可概括为治理中的科学与技术（Science and Technology in Governance）；从科技管理领域出发，则是应用治理理念、工具、运行模式与协调机制，对科技管理体制进行体制改革与理念创新，提升治理绩效，可概括为科学技术自身的治理（Governance of Science and Technology）。学界对这两个层次均有研究，本书针对的是后者，即科学技术自身的治理。

以“governance”为主题词，对 Web of Knowledge（SCI，SSCI，CPCI，JCR，ESI）数据库进行搜索，从每一年段关于治理的文献数量变化可以清晰地看出，治理已成为国外学界的关注重点：20 世纪五六十年代仅有 1 篇，20 世纪六七十年代有 7 篇，20 世纪七八十年代有 119 篇，20 世纪八九十年代有 561 篇，20 世纪 90 年代到 21 世纪初有 5155 篇，21 世纪初至今以治理为主题词的文献已高达 64286 篇。可见，20 世纪 80 年代后，关于治理的文献呈井喷式增长。然而，治理的思想应用于科技政策与管理领域，强调科技管理中的多元主体参与、柔性治理模式、治理工具的灵活多样成为科技管理体制改革的新方向。以 governance of science and technology 作为主题词，对 Web of Knowledge（SCI，SSCI，CPCI，JCR，ESI）数据库进行联合搜索，结果显示，20 世纪 90 年代之前明确关于科技治理的文献仅有 3 篇，但 20 世纪 90 年代到 21 世纪初关于科技治理的文献已经有 40 篇，而 21 世纪前 10 年关于科技治理的文献已达 425 篇，2010~2015 年则达到 558 篇。可见，20 世纪 90 年代后，随着治理理论的兴起和全球化进程的深入，科技治理已成为科技政策与管理领域新的理论热点，受到学术界的关注。

近几年国内学者针对科技治理问题展开相关研究，主要有以下几个方面：①科技治理与社会公众政治生活，针对科学技术发展的前沿领域，包括监管体制和公众参与方面，如方新强调面对科技发展对社会带来的巨大冲击，科学家要认识到自身肩负的社会责任，在转基因技术的转化利用等方面慎重对待，尊重社会选择，倡导参与主体多元化，在科技治理结构中明确公众角色定位。缪航在生物技术领域展开研究，探讨干细胞治疗领域相关主体的治理责任，并考察转基因技术应用过程中的社会选择和政府监管体制。②科技治理与全球化，即在全球化的背景下解读政府如何进行科技治理。王健和梁正通过我国 WAPI 标准的设立和推广，指明在科技治理全球化时代，我国应积极参与国际科技标准和规则的制定，主动参与国际科技治理。邢怀滨和苏竣从两方面对全球科技治理进行解读：科技全球化的国际规则和基于全球问题的科技治理，指出国家政府、市场（跨国公司）和社会公众是全球科技治理最重要的行动者，他们的行为中渗透着全球主义与国家主义、工具理性和价值理性之间的冲突，这些冲突导致全球科技治理的诸多困境，并对我国在全球科技治理中如何提高参与能力提出建议。③科技治理的制度性考察与建构。王再进和邢怀滨（2015）的《欧洲议会的技术评估及对我国的启示》，考察欧洲议会在科技治理实践中引入的技术评估制度，为我国科技治理体系构建提供制度参考。黄静晗和郑传芳（2014）的《公共治理视角下福建政府公共科技服务能力提升研究》，围绕福建科技管理体制改革，思考政府在科技治理体系中的角色定位。曹聪等（2015）的《中国科技体制改革新论》对我国当下的科技体制改革进行剖析，从宏观、中观和微观三个层面回顾、考察和展望中国的科技管理制度改革，并以治理为视角提出对策建议。

二、文献综述

治理是“一个上下互动的管理过程，通过多元合作与协商伙伴关系，确立认同和共同的目标等方式实施对公共事务的管理，如何在日益多样化的政府组织形式下保护公共利益，如何在有限的财政资源下以灵活的手段回应社会的公共需求”[①]。将其映照到科技政策与管理领域也同样适用，科技治理模式与机制建设、科技治理实践中的多主体参与、科技治理工具创新都是值得我们探讨的问题。结合我国科技政策与管理领域的改革，对上述问题展开理论建构和实践分析，对我国科技治理体系的发展完善作用明显。

（一）科技治理及其发展趋势

科技治理作为公共治理理论在科技政策与管理领域的延伸，是面向前沿科技议题在运行监管机制上的变革，重视政府、科学共同体、社会公众之间的互动。Dingwerth 和 Pattberg（2006）认为，科技治理指科技政策领域所涵盖的共存形式的社会事务，包括民间社会的自律，公私问题的调节以及政府权威的监管。[②] Irwin（2006）认为，科技治理并不是公共管理领域的一个新范式，而是一种新的公民、科技与社会三方关系的再定位，是政府、科学团体与社

① 陈振明，张成福，周志忍．公共管理理论创新三题［J］．电子科技大学学报（社会科学版），2011（2）：1-5，12.

② Dingwerth K，Pattberg P. Global Governance as a Perspective on World Politics［J］. Global Governance，2006，12（2）：185-203.

会公众之间的直接对话交流。科技治理涉及转基因、纳米技术等前沿科学方面的科技决策，倡导通过提升政策制定透明度与加强公众对话来增强公众的信心，强调公众应被给予机会和渠道来与科学家和政策制定者进行对话并了解科学可能发展的方向及对社会的影响，从而可以熟悉科学发展态势并表达自身的意见。[①] Perry 和 May（2007）指出，随着新的知识经济和自由主义思想对科技管理领域影响的加深，治理理论在科技政策中的作用加强，并对科技政策产生了重要影响。当前科技议题的治理实践中已经有一些半自治的科学组织参与，以拨款委员会和咨询委员会的形式监督科研资金。随着科学、创新、经济发展与区域政策之间的某些政策边界变得模糊，知识生产和技术研发应用产权越发由多个利益相关者所有，这必将导致科技政策是在一个多标量环境中孕育产生，其蕴含的区域维度也增多。这种多标量的科技政策强调跨学科性、异质性、用户参与度，治理的多尺度性，倡导一种国家、次国家行为者和区域间的共同进化。[②] Braun 和 Kropp（2010）认为，随着知识不确定性的增加，科学共同体已经很难提供客观、无偏见的知识，政策制定者已经不能仅仅依靠科学共同体单方面提供的知识作为政策制定的基础，要充分考虑各个治理主体的利益与权力配置、道德因素、公众参与等因素。科技治理包括政府科学管理目标的调整以及制度的转向，政府对科学技术发展的监督，重新建构科学共同体、社会公众、政府间的关系，并将制度反思纳入治理实践中，科技治理可以说是一种新的制度反思。[③] Lezaun 和 Soneryd（2007）认为，科技治理机制需要构建新的公共参与机制，通过公共协商机制确保公众建议的有效表达和及时反馈。[④] Phil 和 Jason（2014）认为，未来的科技治理

① Irwin A. The Politics of Talk: Coming to Terms with the "new" Scientific Governance [J]. Social Studies of Science, 2006, 36 (2): 199-320.

② Perry B, May T. Governance, Science Policy and Regions: An Introduction [J]. Regional Studies, 2007, 41 (8): 1039-1050.

③ Braun K, Kropp C. Beyond Speaking Truth: Institutional Responses to Uncertainty in Scientific Governance [J]. Science, Technology & Human Values, 2010, 35 (6): 771-782.

④ Lezaun J, Soneryd L. Consulting Citizens-technologies of Elicitation and the Mobility of Publics [J]. Public Understanding of Science, 2007, 16 (3): 279-297.

必然是公众、政策和实践三者的结合，强调公众深度参与，更注重治理系统建设和政策网络的作用。[①] Mol（2006）将信息要素作为科技治理的重要手段，打破时空限制，实现社会支持的地域延伸、时间压缩和加速，打破政府部门、生产厂商、媒体以及跨国公司对信息的垄断，提高公众、非政府组织在信息获取、传输和使用方面的便捷度和有效度，通过信息获取、交换与使用，实现各治理主体间的沟通和协调。[②] Hagendijk 和 Irwin（2006）提出，科技治理既依赖资金、人员、设备等因素，也受供需影响。区域市场需求对地区科技发展方向、政策制定、主体参与、治理机制有重要影响。[③]

科技治理以新兴技术研发应用中的管理制度变革为基础，在长期治理实践中体现出以下几个趋势：①新的科技咨询体系，助推专业知识民主化进程，将多元治理主体纳入科技咨询体系中，由单一科学家参与的分散型智囊咨询体制向多决策咨询群体之间知识互补和智力互补的群体决策机制转变。②技术支撑制度，以信息技术的发展来创新公众参与方式，重视治理主体间的知识共享与信息互动，减少公众与治理决策者之间的认知分歧，提高科技治理政策议程的透明度。③科技治理全球化导致问题博弈主体从主权国家内部拓展为主权国家甚至区域共同体之间展开，其政策、法规或协议的出台需要各国的合作、联盟与博弈，导致科技治理全球化进程挑战与机遇并存。

（二）科技治理的政策工具

目前对科技治理工具的研究，主要是国外学者开展得较多。Lyall 和 Tait（2005）认为由于治理工具在其本质、适用性及其特征上都是互通的，科技管理领域特有的治理问题很少，大多数治理问题具有共通性，另外，科技本身所涉及的领域也相当广泛，根据治理工具的影响力特征，将科技治理工具分

---

① Phil M, Jason C. The Future of Science Governance Publics, Policies, Practices [J]. Environment and Planning C-Government and Policy, 2014, 32 (S1): 530-548.

② Mol A P J. Environmental Governance in the Information Age the Emergence of Informational Governance [J]. Environment and Planning C-Government and Policy, 2006, 24 (4): 497-514.

③ Hagendijk R, Irwin A. Public Deliberation and Governance: Engaging with Science and Technology in Contemporary Europe [J]. Minerva, 2006, 44 (2): 167-184.

为控制型、诱导型、影响型、应对型四种。[①] Radin（1996）从府际治理的角度提出四种政策工具组，即结构式工具组、项目式工具组、研究与能力建设工具组和行为式工具组，在此基础上又细分为16种具体操作工具。[②] 加拿大公共政策学者迈克尔·豪利特（Michael Howlett）和拉米什（M. Ramesh）在《公共政策研究：政策循环与政策子系统》一书中将政策工具分为自愿性工具（非强制性工具）、强制性工具和混合性工具。[③] 豪利特和拉米什的政策工具理论是目前国内学者认可度较高的一种政策工具理论，尤其是第三种混合性工具，可以应对科技治理过程中多元治理主体或不同联盟间的冲突，以协商、合作和联盟的形式展开运作，能够推动政策学习进程，促进相关科技治理问题的解决。

国内对科技治理工具的研究大都集中在对科技治理工具的划分上，曾婧婧和钟书华（2011）将科技治理工具划分为政府科技规划、研究与开发工具、科技成果转化工具等，这容易导致科技治理内容和科技治理工具的界限模糊不清。但从治理工具本身的视角来解读科技治理并预测其发展趋势，是对政府科技管理本体论状态的一种重新发现和理论建构，也是对政府科技管理方式演化规律的理性理解和描述。对于国际性科技治理工具来说，尽管在全球化过程中实现长足发展，但是仍具有其自身局限性。曾婧婧和钟书华（2011）认为国际性科技治理工具的局限性有以下几个方面：首先，一致性问题。国际性公约虽然是缔约国意愿的集合，但并非每一个缔约国都会对其投赞成票。例如，布什政府拒绝接受京都议定书中有关治理环境的相关规定。其次，沟通成本问题。往往在某一次国际峰会之前，各国都需要花费高额的

---

① Lyall C, Tait J. The Governance of Technology, New Modes of Governance. Developing an Integrated Policy Approach to Science, Technology. Risk and the Environment [M]. Aldershot: Ashgate, 2005: 19-44.

② Radin A B. New Governance for Rural American [M]. Kansas: University Press of Kansas, 1996: 26-35.

③ 迈克尔·豪利特，M. 拉米什. 公共政策研究：政策循环与政策子系统 [M]. 庞诗，等译. 北京：生活·读书·新知三联书店，2006：144.

成本及外交手段争取更多的支持，这也导致一个深层次的问题，就是不可能通过某一个国际性公约的达成就可以对全球性的问题进行深入讨论，然后制定相关规定。最后，由于每一个国家的国情、社会制度、经济社会情况、生活标准、国家利益、民意等均不相同，甚至在很多方面是相互冲突的，达成某一国际公约就更加困难。①

（三）科技治理模式

随着科技治理实践的深入，从政府组织运作方面构建科技治理模式成为治理各方关注的重点。国外的科技治理模式有多中心治理模式与多层级治理模式两种。多中心治理模式强调共性与个性的有机结合，既有共同的政策目标，也有不同的政策重点，并逐步演变为区域共同体或多国共同参与治理实践的代表模式。单一国家或多国联盟为治理模式中的某一中心，并存于科技治理模式中，以欧盟各成员国在转基因产品治理模式中的联盟和博弈为代表。多层级治理模式强调治理模式内部的层次性，适用于单一国家内部不同行政主体之间。既有同层次内部各个主体之间的协商、对话与博弈，也有不同层次主体之间的交叉互动、纵向联合，围绕总体目标，赋予不同层级主体解决科技治理问题的各种权限，以政策制定的灵活性来应对科技治理问题的复杂性。

从全球科技治理实践视角来看，科技治理是基于国际研发合作以及贸易这两方面的诉求产生的。从国内科技治理实践视角来看，科技治理是源于国家使命地方化以及地方利益区域化的诉求产生的。根据不同的治理诉求，国际科技治理可分为基于研发的科技治理模式和基于贸易的科技治理模式两种；国内科技治理可分为中央与地方政府间纵向科技治理模式、地方政府间横向科技治理模式和多主体间网络化科技治理模式三种。科技治理源于两个方面的诉求：一方面是基于国际研发合作的诉求或称科技内因需求，如全球环境治理、能源合作、海洋治理等；另一方面是基于贸易的诉求或称科技外因诉

① 曾婧婧，钟书华．论科技治理工具［J］．科学学研究，2011（6）：801-807.

求，如跨国技术企业的国际贸易、知识产权、技术壁垒、技术转移等。由于科技治理的对象是具有跨级、跨域等外部性明显的科技事务，且强调多个行动者之间的沟通、协调与合作。故从国内科技治理实践视角来看，科技治理也源于两个方面的诉求：一方面是基于国家使命地方化的科技治理诉求；另一方面则是基于地方利益区域化的科技治理诉求。①

随着科技治理理论的发展，如何构建适应科技发展需要的科技治理模式，创新公众参与机制成为研究热点。Frank（2006）认为，参与式治理注重协商式话语空间的建构，重视当地社会文化对公民选择的影响，提高公民在协商参与中的话语权，并以印度喀拉拉邦的分散计划为切入点，指出文化认同和地方性知识成为参与式治理的支撑要素，文化认同在不同层次区域主体间构建参与渠道和引导公众参与方面发挥重要作用。② Attar 和 Genus（2014）以英国转基因运动为例，指出专家、科研机构和政府在科研活动中面临的信任危机，提出更加民主和开放的公众参与模式，包括政策制定前期的讨论和信息公开机制，政策制定环节公众意见的最终识别和认可，专家、政府和社会公众等主体共同参与框架制定。③ Fung（2006）认为公众参与有三个重要维度：参与对象、参与者间的沟通方式以及如何开展公共行动。第一个是针对参与式民主的开放程度和参与者的层次性，第二个是针对如何交换信息和做出决定，第三个则是讨论政策和公众之间的联系以便开展相关行动。④ Katz等（2009）以澳大利亚纳米技术治理为案例，指出澳大利亚在纳米技术治理中积极引入公民参与，将社会理解融入纳米技术开发过程，公众、纳米科学家以及相关社会主体成为治理方案中不可缺少的部分，综合各方意见对纳米

---

① 曾婧婧，钟书华．科技治理的模式：一种国际及国内视角［J］．科学管理研究，2011，29（1）：37-41.

② Frank F. Participatory Governance as Deliberative Empowerment：The Cultural Politics of Discursive Space［J］. American Review of Public Administration，2006，36（1）：19-40.

③ Attar A，Genus A. Framing Public Engagement：A Critical Discourse Analysis of GM Nation?［J］. Technological Focasting and Social Change，2014，88：241-250.

④ Fung A. Varieties of Participation in Complex Governance［J］. Public Administration Review，2006，66（S）：66-75.

技术的发展进行监控和治理。① 在科技治理理论的发展中，公众参与的方式、效果以及对科技治理的影响成为诸多学者研究的方向。Stilgoe 和 Lock（2014）注意到公众参与科学的连续性和变化，提出公众参与对科技治理来说是一个必要但不充分条件，对目前已经参与、倡导、实施、评估的公众参与在实践中所取得的效果并不理想。应继续完善公众参与，开发新的参与路线，充分考虑不同城市公民认识论层次的差异，重构新的公众参与平台，唤起公民对公众参与科学的新热情。②

对科技治理模式自身，Crespy 等（2007）重点研究法国的多层级治理模式，探讨国家和地区政府间就科技政策制定、监管以及技术转化间的协商、互助以及博弈过程。法国多层级模式是在欧洲一体化进程中权力下放的环境下逐步构建出的，鉴于法国各地区科技发展水平不同，倡导各地不同的科技发展需要与中央政府统一的科技政策之间进行对话和谈判。他们假定权力多元化，倡导多个行动者之间共享特定的科技资源，注重各级政府科技治理政策的特殊性，不主张完全统一的科技治理政策，主张在竞争之下进行谈判和协商，倡导各地之间以及各地和中央政府之间的互助和博弈，但保留中央政府在科技治理政策制定和施行中的权威性，协调中央政府和各区域以及各区域之间的利益均衡。③ Rhodes（2007）认为多层级治理模式的权力运作需要一种半自治的权力，引入平等行为主体，而不是分成几个独立的分支机构，构建自下而上的网络治理模式，地方政府和中央政府间的独立程度是界定网络治理的关键。在多层级治理模式构建过程中，需要在中央政府指导干预下，

---

① Katz E, Solomon F, Mee W et al. Evolving Scientific Research Governance in Australia: A Case Study of Engaging Interested Publics in Nanotechnology Research [J]. Public Understanding of Science, 2009, 18 (5): 531-545.

② Stilgoe J, Lock S J. Why Should We Promote Public Engagement with Science [J]. Public Understanding of Science, 2014, 23 (1): 4-15.

③ Crespy C, Heraud J, Perry B. Multi-level Governance, Regions and Science in France: Between Competition and Equality [J]. Regional Studies, 2007, 41 (8): 1069-1084.

分离公共权力和私人权力。[①] Ansell 和 Gash（2008）提出一种多中心治理模式，在国家行政机关之外由一个或多个公共机构直接从事公共事务的治理，推动利益相关者展开协商对话，通过公共论坛开展合作，论坛由公共机构发起，非国家行为者可直接参与决策议程。[②] Phil 和 Jason（2014）倡导建立开放的治理过程，在政策议程框架内开放对话，将公众参与视为一个节点，将科技治理系统视为一个整体，以一种反思和包容性的形式对科技治理事务进行管理。科技治理由五个关键部分组成：科学目的、信任、包容、公平、创新速度和方向。他们以英国 17 个公共对话过程和 40 个深度访谈为例，提出三位一体科技治理模式，根据科技治理面临的问题和情况的不同，分为“上游模型”“诚实的经纪人模型”和“问题提倡模型”三种。三种模型针对不同情况，构成一种治理模式。“上游模型”针对新兴科技研发应用的具体领域以及未来发展方向开展对话，公众关注科学共同体的基本动机。“诚实的经纪人模型”针对与健康有关的问题，确定在何种条件下开展这种在操作和道德层面具有挑战性的研究，实际是一种框架效应和公共投入的约束。“问题提倡模型”围绕政策共识展开对话磋商，希望达成开放审议前的承诺，明确政策目标、制度责任和信任假设。[③]

国内学者也对科技治理模式进行探讨。张立和王海英（2011）认为科学治理有两种模式，分别是启蒙模式（Enlightenment Model）和公众争论模式（Public Education Model）。启蒙模式假设科技专家是唯一真正理解科学技术问题的人，而外行对此是无知的，除非他们受到教育。知识拥有者需要教育公众，而无须从公众那里学习任何东西；这种模式会导致被动地参与，而且是单向的、自上而下的过程。这种模式甚至不是一种真正的治理模式，会对

---

① Rhodes R A W. Understanding Governance: Ten Years on [J]. Organization Studies, 2007, 28 (8): 1243-1264.

② Ansell C, Gash A. Collaborative Governance in Theory and Practice [J]. Journal of Public Administration Research and Theory, 2008, 18 (4): 543-571.

③ Phil M, Jason C. The Future of Science Governance Publics, Policies, Practices [J]. Environment and Planning C-Government and Policy, 2014, 32 (S1): 530-548.

科学和公众之间造成划分和隔绝。公众争论模式是为打破科学和公众的界限，允许专家和社会公众保持较为紧密的联系，通过公民投票、听证会、公众意见调查、协商式规则制定、共识会议、公民陪审团等形式丰富公民参与，但是也出现代表性问题，即何时以及何种程度上公众应参与科技议题。①

近年来，为有效解决全球性科技议题，国际组织发挥了更加重要的作用。由联合国发展组织发起的“千年计划”，集合来自发达国家与发展中国家的专家学者、政府部门、非营利机构、企业以及联合国机构的成员，针对“科技与创新”“儿童生理及心理健康”“环境可持续性发展”“艾滋病、主要疾病控制与医疗”“水资源及其污染”等十个议题展开国际科技合作。国际组织依靠自己的专业优势在解决全球性问题上取得良好的科技治理效果。其科研活动获得了联合国各成员国在政治上的授权与支持，可以提供多维度的发展框架，为各国制定明确的发展目标提供参考。②

在科技治理模式中，政府角色发生较大转变，政府在科技合作中由原来的政策制定者与执行者逐步变为引导者与监督者，但在跨域合作与部分科技治理议题资源分配和政策制定中依旧处于核心地位。当前科技事务的外部性增强、科技风险加大，政府在某些科技领域中的作用更为突出，跨域性合作的压力使府际科技合作变得尤为重要。③ 府际合作已成为政府解决跨域性科技治理议题的常见模式。西方的科技治理理论主张把横向协作、公私合营以及纵向的中央与地方的合作有机结合，我国则体现为省部科技会商、省部科技共建以及产学研平台的建设。④ 但是对于解决所涉政府层级较多、地域较广、问题较复杂的跨域性问题，由于牵涉的政府管理部门较多、层次较为复杂、各部门之间利益冲突等现象较为突出，往往在权益分配、治理组织制度

① 张立，王海英．走向混合论坛的科学治理——公众参与科学的进路考察［J］．江苏大学学报（社会科学版），2011（3）：16-20.

② United Nations，Interim Report of Task Force 10 on Science，Technology and Innovation［R］．United Nations Millennium Project，Report Commissioned by the Secretary General，UNDP，February 1，2004，New York.

③ 曾婧婧，钟书华．国内府际科技治理研究综述［J］．科技管理研究，2011（16）：182-185.

④ 曾婧婧，钟书华．论科技治理［J］．科学·经济·社会，2011（1）：113-118.

建设和权责分配问题、各级政府合作的信任问题以及多层级政策制定问题等方面产生较多的治理难题，成为当前府际科技合作中的困境所在。

（四）科技治理的困境

科技治理参与主体增加，政策受众利益诉求复杂性增强，其治理体系尚未构建完善，公众参与的政策空间与政策咨询程序都需要进一步改革，科技治理体制仍需在对新兴技术的管理中不断调适，科技治理实践中仍存在一些政策阻碍：①科技治理机制赋予公众参与科技治理的合法性与治理实践需要仍存在较大差距，公众话语权的表达需要借助现代信息技术手段给予保障，却存在技术过滤后的信息完整性与真实性不够等问题，导致公众在科技治理体系中参与空间不足。②科技治理对象是以转基因、纳米技术为代表的新兴技术应用，技术研发应用的不确定性与复杂性导致公众认知的模糊性与分歧，影响科技治理政策的制定与执行，导致不同政策群体之间认知分歧扩大与利益对抗加剧。③全球科技治理实践中，由于国家间政治体制、社会文化、价值观的不同，政策学习差异性较大，政策方案出台难度增大，政策执行难以量化，甚至出现政策执行的中断。

随着治理理论的发展，其自身在科学共同体、政府、社会公众的互动中出现一些问题，并导致科技治理进程中出现一些困境。Nowotny（2014）针对公众参与科技治理问题时指出，在当前的科技治理领域中，政策科学家以及政策制定者之间往往通过塑造个人和集体的思想来获得支持，建构政治想象并将其纳入公共话语、法律和法规之中，形成科学的公共参与，但这种集体的政治想象是不完整的，而且缺乏政治合法性，公民本应具有提供选择和做出选择的意识却被忽视。新的通信技术应用和信息媒介的多样化带来信息的爆炸式增长，在巨量信息的来源和质量都得不到保障的情况下就被公众广泛访问和使用，这带来两个方面的消极影响：一是治理主体话语权威性弱化，媒体公信力下降，科学共同体的认知权威被稀释，信息量的增加导致权威减少，公众对知识的尊重和兴趣度降低；二是产生一种高度期望的公众，对于科学研究采取一种纳税人计算投入和回报价值比的方式，将科学的公共价值降低到可计算和可量化的层次，是不恰当的甚至是片面的对待科学价值的态度。[①] Spruijt 等（2014）指出科技政策制定者所面对的科技治理议题的复杂性在增强，作为政策顾问的科学家被要求对合成生物学、纳米技术等新兴技术的研发应用提供明确的建议，尤其是要对潜在的应用风险作出描述，但科学家却只能提供不同场景下科技风险概率的不同。新兴技术应用所导致的风险是动态的、不确定的，科学共同体自身也往往无法达成政策共识。科技治理议题研发应用风险的未知性对政策制定者带来较大挑战，出现“科学—政策缺口”[②]。Tamtik 和 Sa（2014）针对欧洲科学国际化进程中的 OMC 政策学习（Objective Measure Cooperation Policy Learning），指出 OMC 政策学习在国家层面缺乏明显的治理成效，欧盟成员国参与度较低，欧盟自身政治体制的复杂性使欧盟层面的科技研究合作涉及复杂的国家利益，OMC 政策学习受到较大阻碍，政策学习的成果难以确定和量化。在政策学习过程中，决策者可能不愿或无法适应新的治理要求，或者本国国情不允许政策发生较大变化，出现抵制甚至中断政策学习的情况，政策学习往往只是影响参与者，对本国决策者影响是渐进式和隐性的，只能将专家知识和认知观念引入决策过程。在强大的政治压力下，政策学习可能变成谈判，却没有实现真正的知识共享。[③]

Jones（2014）通过研究英国纳米技术的发展过程，反思英国公众参与困境。疯牛病事件对英国政府和科学共同体的权威带来较大伤害，公众对两大治理主体的信任度降低。在纳米技术发展中，多元主体都希望深度参与纳米技术研发环节，维护自身权益。英国政府不断推动科研数据共享，希望重塑政府治理权威，却无法扭转公众信任度降低的现状，公众对纳米技术研发的

① Nowotny H. Engaging with the Political Imaginaries of Science: Near Misses and Future Targets [J]. Public Understanding of Science, 2014, 23 (1): 16-20.

② Spruijt P, Knol A B, Vasileiadou E, et al. Roles of Scientists as Policy Advisers on Complex Issues: A Literature Review [J]. Environmental Science & Policy, 2014, 40: 16-25.

③ Tamtik M, Sa C M. Policy Learning to Internationalize European Science: Possibilities and Limitations of Open Coordination [J]. Higher Education, 2014, 67 (3): 317-331.

评判更多的是根据市场进行选择，而不是政府建议。① 对于高校在科技治理实践中的角色，Jongbloed 等（2008）指出大学并没有合理分配所掌握的资源，在外部互动中存在三个障碍：大学研究议程的确定与教育供给，高校自身学科设置的固定性与私人研究需求灵活性之间存在矛盾，跨学科科研缺乏制度保障；国家预算资金与高校通过外部互动获得的资金尚未分离，学术研究评价标准并未改变，缺乏对研究者权益的维护；高校创业文化的缺失，高校学者缺乏必要的商业态度，对自己拥有的知识专业的商业价值缺乏准确的认知。②

科技治理问题的产生与科技发展所遇到的双重困境有着密不可分的关系：一是科技象征、支持并推动着诸如信息公开、怀疑主义和公共问题等民主价值发展，同时也因其知识独占主义、精英主义和技术精英统治论等倾向撕裂着这一价值体系；二是科技有助于个人自由发展、幸福生活的获得、财富积累和国家安全，同时又带来或加剧着诸如人类生命伤害、生态危机、道德沦丧等情形的蔓延。在这种双重困境下，科学共同体最早与社会之间达成以“自我治理”（即接受政府乃至各种社会组织资金赞助，以军事、医药和消费品等技术作为交易而不受政府控制）为特征的“社会契约”（或称科学共和国）③ 正在遭到挑战，伦理学、社会学乃至政治学进入科技政策的跨学科领域，科技治理问题也由此凸显出来。④

我国科技治理实践进程也面临着诸多挑战。曾婧婧和钟书华（2011）认为，尽管我国科技治理实践进程体现出市场化、制度化和参与化的特点，而且与国际上科技治理的理念相契合。但我国的科技治理体系构建也面临着问

① Jones R A L. Reflecting on Public Engagement and Science Policy [J]. Public Understanding of Science, 2014, 23 (1): 27-31.

② Jongbloed B, Enders J, Salerno C. Higher Education and Its Communities Interconnections, Interdependencies and a Research Agenda [J]. Higher Education, 2008, 56 (3): 303-324.

③ Polanyi M. The Republic of Science: Its Political and Economic Theory [J]. Minerva, 1962, 1 (1): 54-73.

④ 刘军，李三虎．科技治理：社会正义与公众参与［J］．学术研究，2010（6）：21-26.

题和挑战，这些问题和挑战的解决往往会对我国科技治理体系建设起到重要的影响。既有如何处理好科技治理和民主政治之间协调性的问题，也有“如何多渠道融资以解决科技发展的资金问题，如何开展部门间以及政府间的联席会议以解决信息沟通问题，如何通过企业、科研院所的联合招标以解决科技发展中的重大共性问题，如何通过政府间科技合作以解决公共性的科技问题”①。这些问题反映出科技治理实践过程中的多元治理主体参与缺位、失位与越位的问题。这就要求在科技治理实践中，既要助推政府完成角色转变与职能定位，又要强化社会公众与科学共同体的参与度和责任感。邢怀滨和苏竣（2006）针对全球科技治理议题，指出我国存在的参与困境，比如“面对众多与科技相关的国际规则，如何认识全球科技治理的内容体系，如何理解全球科技治理背后的权力结构，作为发展中国家，我国如何参与全球科技治理规则的制定，及时制定和调整我国的科技战略和政策，以提高国家竞争力”②。

（五）科技治理的对策

科技治理理论在多元主体参与、治理模式建设与治理工具综合使用上，尚需进一步完善。针对科技治理实践中暴露出的问题，国内外学者提出：①科技风险的复杂性和未知性，要通过科技治理实践构建风险评估制度，增强治理主体间的相互信任，通过信息共享与对话合作降低技术研发应用带来的风险。②科技治理中的不确定性、不完整性和复杂性问题，改变单一的政策专家参与的智囊式咨询与决策者单一决策的框架体系，完善科技治理咨询体系与决策程序。③科技治理全球化问题，新技术应用所带来的技术风险是各国都无法回避的，构建以主权国家为成员，以国际协议为基础的全球科技治理框架，整合各国和区域共同体间的分歧和差异，治理框架应具有动态灵活性，包容各国及区域共同体之间的认知分歧与利益差异，通过协商对话机

① 曾婧婧，钟书华．论科技治理［J］．科学·经济·社会，2011（1）：113-118.

② 邢怀滨，苏竣．全球科技治理的权力结构、困境及政策含义［J］．科学学研究，2006（3）：368-373.

制逐步解决全球性科技治理议题的实践困境。

第一，针对科技治理中的风险问题，Renn 和 Roco（2006）提出三种规避风险的治理框架：①采用国际风险管理理事会制定的风险治理框架，包括风险分析和风险管理。该框架涵盖纳米技术创新的社会文化背景及与风险相关的知识分类框架，采用两种评价方法对纳米技术应用产生的直接和间接影响进行评估，并给出研发应用风险等级，即简单、复杂、不确定和模糊，根据风险等级采取不同措施进行防范和规避。风险评估的标准则包含技术有效性、最小化外部副作用、公平、政治和法律执行力、道德和公众接受程度。风险分析包括危险识别和估计、接触和脆弱性评估、风险估计和结论等步骤。风险管理包括对预先确定的标准进行风险管理选项的评估，评估风险管理选项，选择风险管理选项，实施风险管理方案，对期权执行情况进行监控等步骤。②完善预评估制度，构建风险辩论框架。一方面针对纳米技术研发和应用环节，以评估结果反推新计划的完善、监管措施和标准的修订以及研发机构对议题不确定性应对能力的提升；另一方面针对预评估数据与社会认知之间的联系，将社会、文化、宗教和伦理的信念、价值观和愿景整合到治理框架中。③加强主体间对话，消除治理主体之间围绕科技治理议题产生的隔阂，建立制度化的治理信任框架。对纳米材料研发应用的监管应由独立的合作伙伴提供；加大纳米技术的公共辩论，加强公众对话和公众参与，解决不同行动者和利益相关者之间的沟通隔阂；向公众全面传达纳米技术的风险及政府的治理方案，提高技术监管的透明度及不同行动者和利益相关者的信任度，通过公开产品测试数据增强主体间的信任。①

第二，针对科技治理实践中的不确定性、不完整性和复杂性等问题，Linkov 等（2009）以纳米技术治理为例，提出一种多准则决策分析框架（MCDA）。多准则决策分析框架采用层次分析法，以优化算法和数值积分法来确认纳米技术各个性能指标的积分。由多重指标量化数值积分，降低研发

① Renn O，Roco M C. Nanotechnology and the Need for Risk Governance［J］. Journal of Nanoparticle Research，2006，8（2）：153-191.

应用信息的不确定性与不完整性带来的治理风险，指标与权重由科学家和管理者负责建立。参与主体的多样性可以确保性能指标覆盖层次的丰富，数值量化方法可以提高指标权重确定过程的透明度并降低纳米技术治理的不确定性，帮助政策专家和决策者降低决策方案选择的风险性和复杂性。多准则决策分析框架运行的关键不仅需要多样的信息采集来避免决策者对外部信息了解不完整而导致的指标选择不全面；还需要注重指标间的不同组合，通过治理方案调整的灵活性来抵消纳米技术治理的复杂性与不确定性。[①] Spruijt 等（2014）提出，针对科技治理决策复杂性问题，可以通过构建科学团队并要求团队从科学、商业、政治和社会视角对技术不确定性进行解读。同时还可以扩大科技治理的参与面，与科技、经济、政治和社会各领域的代表公开讨论技术应用可能带来的困境及其对各主体造成的影响，保证议题讨论和政策建议的透明度。对于科技研发应用带来的复杂未知性问题，科技专家的任务并不是提供确定性的政策建议，而是要明确决策类型及不同的技术应用所导致的不同风险，最好的政策选择并不应由科技专家提出，其责任在于提供多样的政策选择以及明确单一主体政策拟定的局限性，以多样化的政策选择去取代确定性的政策建议，保持专家自身的价值中立性，提高不同治理主体对政策措施的接纳度。决策者则根据科技治理问题类型来划定参与专家团队范围，注重专家自身研究领域与科技治理问题的关联度，倡导多样化的政策选择以及更加透明的公众参与，以政策建议组合的灵活性来应对科技治理议题的复杂性。[②]

第三，针对科技治理障碍，不少学者提出通过公众对话和论坛辩论等方式来加强政策学习。Tamtik 和 Creso（2014）指出，尽管客观导向式政策学习（OMC 政策学习）存在一定的局限性，但可以帮助欧盟内部各成员国表达和交流各自的观念，改善成员国间的政策协同环境，通过谈判对话和公共论坛

① Linkov I, Satterstorm F K, Steevers J, et al. Multi-criteria Decision Analysis and Environmental Risk Assessment for Nanomaterials [J]. Journal of Nanoparticle Research, 2009, 9 (4): 543-554.

② Spruijt P, Knol A B, Vasileiadou E, et al. Roles of Scientists as Policy Advisers on Complex Issues: A Literature Review [J]. Environmental Science & Policy, 2014, 40: 16-25.

等方式推动知识共享，促进欧盟各成员国凝聚共同价值观，聚合共同的政策理念。客观导向式政策学习可以增强成员国间政策制定者和科学家的互动与交流，帮助各成员国实现政策理念以及治理议程的传达和共享，促进成员国间达成治理议题方面政策立场的一致，推动欧盟层面科技治理计划的出台。客观导向式政策学习还可为欧盟及其成员国提供共同学习的平台——战略论坛（SFIC），如创新联盟通讯（2010）和欧洲2020战略的成员国在拟订计划和实施战略中，客观导向式政策学习发挥了重要作用。① Pidgeon 和 Hayden（2007）指出，要增强多元治理主体在技术研发前期环节的参与程度，通过公共对话、辩论以及对未来技术愿景的多维度参与来增强公众对纳米技术的熟悉和认可程度。治理主体间对话过程要建立双向渠道，或授权实现风险沟通过程的平行性。加强上游参与度，确保公众能够更早地参与新兴技术的讨论。通过公开辩论和公共论坛了解公众对科技治理议题的认知程度，实现科技治理不同阶段主体间交流渠道的建设和完善，避免在科技治理后期因公众认知分歧对科技治理议程带来的阻滞。加大新兴技术治理上游阶段开放力度，确保公众在早期就对新技术研发的关键决定施加影响，实现科技治理进程的"风险预判"与"预先治理"，而不仅仅是针对后期治理政策进行"弥补性治理"②。

Hagendijk 和 Irwin（2006）指出，公众广泛而有效地参与到科技治理相关政策的制定及执行中，大大推动了欧洲协商民主机制和科技治理体系的完善。通过协商民主倡导公民间的讨论和交流，通过公开审议和公众审查等方式帮助公民构建表达自身看法的渠道，以此推动科技治理决策制定程序的完善，增强主体间监督体系的透明度。③ Lezaun 和 Soneryd（2007）通过对英国转基因食品研发应用中的公开辩论的考察，指出政府要承担起创建公共话语

① Tamtik M, Creso M S A. Policy Learning to Internationalize European Science: Possibilities and Limitations of Open Coordination [J]. Higher Education, 2014, 67 (3): 317-331.

② Pidgeon N, Hayden T R. Opening up Nanotechnology Dialogue with the Publics: Risk Communication or "Upstream Engagement"? [J]. Health Risk & Society, 2007, 9 (2): 191-210.

③ Hagendijk R, Irwin A. Public Deliberation and Governance: Engaging with Science and Technology in Contemporary Europe [J]. Minerva, 2006, 44 (2): 167-184.

空间的责任，即在公共辩论和公民论坛之前，要将参与者划分为三种类型：利益相关者、已有自身看法的参与者和并无明确看法的“沉默的公众”。如此划分的目的是避免利益相关者与持有观点的参与者过度占用公开辩论时间，让公众能够充分思考并顺利表达自己的看法，避免公共辩论中公众意见收集的片面性。通过区别性问卷调查的形式，获取从业者、已参与讨论的人员和新闻媒体从业人员等对转基因技术的“通用公共态度”，增强公众对转基因技术研发应用环节的信任感和认同度。① Guston（2014）以美国亚利桑那州立大学纳米技术研发应用为例，指出以国民技术论坛的方式推动公众参与进程，为民众提供参与科学技术发展的机会，公民可以借助主要媒体或科技社团参与技术研发讨论，探求政治与科学之间公民的价值定位。国民技术论坛通过小组成员招募、互联网技术运用、相关数据分享讨论，为参与者做出选择，同时也涵盖与专业人士的对话以及治理主体内部成员互动，推动公众有效形成自身的观点看法，提高公众在科技决策中的政策话语权与影响力。②

第四，在科技治理中，公众参与方式、效果以及对科技治理的影响成为诸多学者研究的重点。Stilgoe 和 Lock（2014）认为，应该看到公众参与科学的连续性和变化，指出公众参与对科技治理议程来说是一个必要但不充分条件，当前公众参与的效果并不理想。在科技治理实践中，应该继续规范公众参与程序，并尝试开发新的公众参与路径，要充分考虑不同区域间公民认知层次的不同，重新构建新的公众参与平台，唤起公众对参与科学决策的新热情。③ Jones（2014）通过对英国纳米技术发展的考察，指出尽管对新技术发展方向的预判标准是市场，但其发展仍离不开公众参与。开放科学文献数据获取渠道，面向公众宣传高层次的专业知识，提升公众对科技研发应用环节

① Lezaun J, Soneryd L. Consulting Citizens - technologies of Elicitation and the Mobility of Publics [J]. Public Understanding of Science, 2007, 16 (3): 279-297.

② Guston D H. Building the Capacity for Public Engagement with Science in the United States [J]. Public Understanding of Science, 2014, 23 (1): 53-59.

③ Stilgoe J, Lock S J. Why Should We Promote Public Engagement with Science [J]. Public Understanding of Science, 2014, 23 (1): 4-15.

的信心，确保技术的发展符合科学教育工作者、科研机构、技术密集型企业、政府部门、社会公众的利益，从前期的信息公开和数据获取，政策执行中的公众参与和多主体监督，后期的市场应用和监管机制建设等方面来构建符合英国社会环境的科技治理模式。① Frank（2006）以印度喀拉拉邦的分散计划为切入点，指出文化认同和地方性知识成为参与式治理中政治空间的支撑要素，文化认同可以为不同区域主体构建交流渠道，注重协商式话语空间的建构以及当地社会文化对公民社会选择的影响，增强公民在参与协商中的话语权，引导公众积极参与科技治理实践，促进公民授权参与协商。② Attar 和 Genus（2014）也以英国转基因运动为例，指出正是专家、科研机构和政府所背负的信任危机，导致更加民主和开放的公众参与模式出现。既有技术治理在研发前期的讨论和信息公开，也包括政策制定环节中公众意见的最终识别和认可，多主体共同参与技术治理框架的制定等。③ Fung（2006）认为公众参与有三个重要维度：参与对象、参与者间的沟通方式以及如何开展公共行动。一是针对参与式民主的开放程度和参与者的层次性；二是针对如何交换信息和作出决定；三是讨论政策和公众之间的联系以便开展相关治理行动。④ Katz 等（2009）以澳大利亚纳米技术的发展和治理为例，指出澳大利亚在纳米技术发展中积极引入公众参与，将社会理解融入纳米技术研发应用过程，公众、纳米技术科学家以及相关社会因素成为纳米技术治理方案中不可缺少的部分，以多方共识意见来对纳米技术的发展进行有效监控和治理。⑤

① Jones R A L. Reflecting on Public Engagement and Science Policy［J］. Public Understanding of Science，2014，23（1）：27-31.

② Frank F. Participatory Governance as Deliberative Empowerment：The Cultural Politics of Discursive Space［J］. American Review of Public Administration，2006，36（1）：19-40.

③ Attar A，Genus A. Framing Public Engagement：A Critical Discourse Analysis of GM Nation［J］. Technological Focasting and Social Change，2014，88：241-250.

④ Fung A. Varieties of Participation in Complex Governance［J］. Public Administration Review，2006，66（S）：66-75.

⑤ Katz E，Solomon F，Mee W，et al. Evolving Scientific Research Governance in Australia：A Case Study of Engaging Interested Publics in Nanotechnology Research［J］. Public Understanding of Science，2009，18（5）：531-545.

从全球科技治理的角度看，如何提高我国参与全球科技治理的能力也是重要问题。邢怀滨和苏竣（2006）指出需要提高内生参与能力，利用全球科技资源重组的机遇增强自主创新能力，利用各种国际机制和政策工具实现有效参与。① 而黄静晗和郑传芳（2014）则从福建省出发，认为要做到以下几点：制定科技创新政策法规，营造良好的创新环境；建设科技创新服务平台，优化科技创新的支撑条件；加强协同创新，推进技术转移与扩散进程；强化科技创新的统筹协调与顶层设计；加强政府间科技工作协同力度；推动政产学研协同创新；优化政府公共科技服务方式。② 刘远翔（2012）通过对美国科技治理结构特点的归纳，认为要在立足国情的基础上完善科技治理结构；正确定位政府的科技职能，加大科技发展支持力度；改革科技治理体制，为科技发展提供制度保障；加强科技法制建设，确保科技治理依法进行。③

三、研究的主要内容、创新点与不足

（一）研究的主要内容

绪论。围绕科技治理问题，从理论发展到实践需要，阐明科技治理的重要性与必要性。以国外科技治理理论进展为切入点，结合国内科技治理理论进展与实践成果，重点关注科技治理及其发展趋势、科技治理政策工具、科技治理的柔性模式、科技治理困境及对策，准确把握科技治理理论的发展概况。

第一章，概念辨析与理论基础。从公共管理领域和科技政策与管理领域出发，界定治理、公共治理、科学治理、技术治理、科技治理等核心概念，并对科技治理的理论基础——多中心理论、倡议联盟框架理论和自主治理理论予以明晰。

---

① 邢怀滨，苏竣．全球科技治理的权力结构、困境及政策含义［J］．科学学研究，2006（3）：368-373.

② 黄静晗，郑传芳．公共治理视角下福建政府公共科技服务能力提升研究［J］．中共福建省委党校学报，2014（5）：49-54.

③ 刘远翔．美国科技体系治理结构特点及其对我国的启示［J］．科技进步与对策，2012（6）：96-99.

第二章，科技治理的柔性模式。通过对现有整体性治理模式、网络治理模式和多层级治理模式的分析评述与学习借鉴，提出科技治理的新模式——科技治理的柔性模式：以注重责任文化和科学精神为价值取向，倡导多主体互动与民主协商，创新与综合运用灵活多样的科技治理工具，建设以政策为导向的多层次学习机制，提升科技治理能力。

第三章，政府科技治理能力建设。政府作为科技治理实践进程的主导力量，既要完善中间层政治，优化辅助性制度，培育政府成员价值观，以制度创新提升政府科技治理能力；又要扩大事务性授权，共享行政管理职权，明确政府科技治理责任，重点关注战略性新兴产业的发展，加强科技治理的体制机制改革，深化主体间对话合作；以参与国际大科学计划和大科学工程为介入点，积极参与国际科技治理游戏规则制定并提出“中国智慧”与“中国方案”，以科技治理工具为纽带，构建全球科技治理网络，谋求国际科技治理体系中的话语权，维护本国合法权益。

第四章，科学共同体负责任创新与咨询对话制度。科学共同体作为科技治理活动的中坚力量，应主动实现身份转变，弘扬科学求真求实精神，重视科技治理多元主体间的交流互动，依托中国科协及其下属的专业性技术协会等学术社团展开科学普及和科技咨询活动，积极参与到我国科技治理体系构建中，重塑科学共同体权威；坚持负责任创新，在科技研发中弘扬责任文化，重视价值因素，规避科技风险，强化科技治理的政策指引；完善科学共同体的科学报告制度，增强科技咨询在政府科技规划中的地位，以咨询推动科技治理议题解决，以对话促进科技治理主体合作。

第五章，完善社会公众参与体系，推进治理进程。非政府组织、新闻媒体、公众作为科技治理的基础，在科技治理实践中发挥着重要作用。非政府组织助推多元治理主体互动，以中国科协为代表的科学社团承接政府职能，明确自身角色定位与专业优势，深度参与政府科技治理实践活动。新闻媒体依托现代信息技术发展，通过宣传导向机制建设，克服专家治理困境，加强多元治理主体间的监督反馈，强化科技治理主体间信任，确保科技治理主体有序、合规地展开治理实践。通过强化治理主体间的制度供给，开展形式多样、内容丰富的科普宣传教育活动，提高公众科学素质，提升公众评议的质量与水平，助推公众参与和民主协商。

第六章，科技治理工具的创新与综合运用。由于科技治理工具的评估困难与治理情境的复杂化给科技治理带来较大阻碍，创新科技治理工具体系，并通过治理工具的综合运用助推科技治理进程就显得尤为重要。协商映射、价值敏感性设计、共同生产是具有较强认可度的新型科技治理工具的代表。对于上述三个代表性的新型科技治理工具选取我国科技治理实践中的三个案例展开分析，分别是技术利基在太阳能光伏产业中的应用，价值敏感性设计在植入型心脏转复除颤器革新中的作用，中国科协在承接和使用政府部分科技治理职能方面发挥的作用。而治理工具选择的影响变量混搭，程序性治理工具比重提升，治理工具使用途径改革和非正式治理工具影响力提升，体现出科技治理工具的综合性使用倾向。

第七章，以政策为导向的科技治理学习机制建设。在科技治理实践中，由于价值取向和各主体利益诉求不同，必然在许多科技治理议题上形成多种利益联盟和联盟冲突。为缓解联盟冲突，协调各主体关系，提升科技治理能力，需要进行多层次的政策学习。政策学习是有条件和有层次的，条件包括联盟冲突的程度、问题的可分析性和专业论坛是否有效存在等。科技治理的多层次学习机制包括核心层学习、辅助层学习和影响层学习，分别通过政策学习来建立履约与合作机制、认知与协调机制、传播与反馈机制。围绕转基因作物治理中的联盟冲突与妥协，构建跨联盟政策学习模型以及多层次政策学习机制，来印证科技治理多层次学习机制的有效性。

（二）创新点与不足

科技治理理论作为促进国家科技管理体制深化改革的重要理论依据，在构建国家治理体系和治理能力现代化的大背景下，其体系建构、主体间关系协调、治理工具的调整与创新、科技治理运行机制的建设都成为关键。本书有以下几个创新点：

第一，拓宽视野，助推科技哲学学科发展。科技治理理论是国外理论界新的研究热点，源起于公共管理领域，契合科技管理发展趋势，通过对科技治理理论的引进、发展再创新，可以满足科技管理领域深化改革的需要，构建符合我国科技管理和社会发展需要的科技治理体系，拓宽了科学社会学的研究领域，提高了学科发展的先进性与实效性，助推了科技哲学学科发展。

第二，以科技治理理论为支撑点，促进交叉学科发展与跨学科研究。科技治理体系的构建并不是学科内部建构出的单一理论体系，而是运用不同学科理论应用于科技治理理论的建构与科技治理实践进程，如科学社会学、政策科学、管理科学等。当前不同学科的交叉发展和跨学科研究，对科技治理主体绩效提升提出更为严峻的挑战，新型科技治理工具的创制和综合使用，本身就是应对科技治理情势复杂化的体现。因此，通过研究科技治理理论，对于学科交叉和跨学科研究都有着积极意义。

第三，系统研究，提出新观点。通过对科技治理理论的深入剖析，将科技治理理论与我国当前的科技管理体制改革趋势紧密结合。既引入国外对其他科技治理主体作用发挥的制度参考，也明确树立政府在科技治理进程中的核心作用，确保治理制度执行的灵活性。通过科技治理工具的创新、优化与整合，将多元科技治理主体纳入政策网络之中，提出科技治理的新模式——科技治理的柔性模式。重视政府自身的制度创新与价值观建设，以科技治理工具为纽带，提升政府科技治理能力，谋求国际科技治理的话语权；对于科学共同体，以负责任创新和咨询对话制度为切入点，重塑科学共同体的权威；在公众参与科技治理进程中，充分发挥非政府组织、新闻媒体和公众的作用，强化制度供给，克服科技治理困境。在研究科技治理工具的创新与综合运用中，提出要发挥程序性治理工具和非正式治理工具的作用，实现开放参与但又不影响政府的治理核心地位。在研究科技治理的运行机制中，提出要进行不同层面的政策学习：通过核心层学习，建立履约与合作机制；通过辅助层学习，建立认知与协调机制；通过影响层学习，建立传播与反馈机制。

作为治理理论在科技政策与管理领域的延伸和应用，科技治理体系建设还应在以下几方面加强研究：①科技治理工具的进一步深入研究。如何创新科技治理工具；国外科技治理工具的本土化困境；科学共同体和公众如何参与制定和使用科技治理工具；如何发挥程序性治理工具的作用以实现开放参与而不影响政府的核心地位。②科技治理的多元主体参与。如何促进公众的发展；如何建立公众与科学共同体之间的对话机制，真正得到双方的积极响应和实质性的互动交流。③积极参与全球科技治理。如何应对全球科技治理问题，构建全球科技治理网络；非政府组织积极参与全球科技治理机制；如何应对全球性科技治理规则、工具与本国科技政策法规的冲突难题。

第一章　概念辨析与理论基础

第一节　相关概念的界定

对科技治理体系的考察，离不开概念的界定，以确定其涵盖的范围以及核心观点。科技治理作为公共治理理论的组成部分，对治理和公共治理的界定是研究科技治理的基础和前提；对科学治理、技术治理、知识治理等理论发展脉络的把握，有助于明晰科技治理的理论框架。结合当前科技治理议题发展的情况，对科技治理今后的发展方向有一个较为准确的把握。

一、治理、公共治理

治理（Governance）一词并不是新创设的词汇，只不过其内在含义较以往有所不同。在古希腊语和古典拉丁文中，通常将治理的含义概括为控制和操纵。在随后的发展中，治理并没有得到充分的关注，其通常和“统治”一词交替使用，尤其是在处理法律和国家公共行政相关的事务时，这也为之后治理理论在公共管理领域的兴起起到一定的铺垫作用。20 世纪 90 年代后，治理才作为一个新的理论热点被西方学术界所重视，并被广泛应用到经济和公共管理领域，用于应对社会发展中出现的政府失灵和市场失灵的现象，意图在理论领域寻找出第三条道路，拓展社会事务参与的主体范围和参与程度，克服政府与市场二元互动带来的社会效率的下降，寻求社会经济领域的再一次突破。

理论发展的新要求、社会管理困境的加深、治理本身的优势，上述三点是治理理论成为被西方公共管理学界认可并成为学术热点的重要原因。20 世纪 70 年代后期，随着“后学院科学”时代的到来，科学的不确定性极大增强，原有的理论范式无法充分地解释社会发展，单纯的二元划分已经无法说明社会运转的动态性和复杂性，而治理理论在解释和处理复杂的经济社会事务上具有明显的优势，故而成为西方学术界的首要选择之一。同时，随着国家与市场在社会运作中不断暴露出失灵现象，二元主体无法有效地管理经济社会事务，社会各方对参与国家管理的热情较以往来说大大增强，以新公共管理运动的兴起和社会成员参与国家事务体制化为代表，西方行政学界也较以往变革不断，推动着治理理论的发展壮大。

詹姆斯 N·罗西瑙（James N. Rosenau）（2001）认为，治理是由共同的目标所支持的，是一种内涵更为丰富的现象。它既包括政府机制，同时也包含非正式、非政府的机制。治理是只有被多数人接受（或者至少被它所影响的那些最有权势的人接受）才会生效的规则体系。① 俞可平（2002）则指出治理是指官方或民间的公共管理组织在一个既定的范围内运用权威维持秩序，满足公众的需要。治理的目的是在各种不同的制度关系中运用权力去引导、控制和规范公民活动，以最大限度增进公共利益。因而，治理是一种公共管理活动和公共管理过程，它包括必要的公共权威、管理规则、治理机制和治理方式。② 全球治理委员会对治理定义进行权威划分，在《我们的全球伙伴关系》（1995）中，将个人行为、集体选择、政治决策等要素均纳入治理中，

① 詹姆斯 N·罗西瑙．没有政府的治理［M］．张胜军，刘小林，等译．南昌：江西人民出版社，2001：5.

② 俞可平．全球治理引论［J］．马克思主义与现实，2002（1）：20-32.

并认为治理是公共机构或私人管理公共事务采取诸多方式的总和，确保弱化利益分歧，推动各方采取联合行动促进公共事务解决。这既包括有权迫使人们服从的正式制度和规则，也包括各种同意或者以为符合其利益的非正式的制度安排。[①]

治理理论认为有效的管理必须是民主管理，强调管理不是依靠政府权威，而是合作网络的运转。政府、市场、公众在合作网络中地位平等，角色不同，有助于协商对话平台建设与公共话语空间的拓展，促进公众参与有效化，推动公共治理民主化进程。毛寿龙（1998）认为，如果从公共治理的角度来看治理的话，那么“英语词汇中的 governance 既不是统治（rule），也不是指行政（administration）和管理（management），而是指政府对公共事务进行治理。它掌舵而不划桨，不直接介入公共事务，只介于负责统治的政治和负责具体事务的管理之间。它是对以韦伯的官僚制理论为基础的传统行政的替代，意味着‘新公共行政’或‘新公共管理’的诞生，因此可以译作治理”[②]。而公共治理从内涵上讲是多元主体共治，其顶层设计是国家治理，核心是市场治理，基础是社会治理。因此，公共治理可以说是国家、市场与社会治理的有机统一体[③]。

治理理论作为当前学术界的热点理论话题，在公共管理、政治学和社会学等学科中得到长足发展，诸多学者借助治理理论对本学科相关议题展开研究。治理理论自提出伊始，其理论定位就是模糊不定的，本身并没有形成一个相对明确的概念界定。但治理理论对于破除社会科学领域中二分法带来的思维僵局却发挥着重要的作用。治理理论改变了人们长期认为的社会运行中非此即彼的划分方式，将第三方主体纳入问题的讨论中。治理理论认为政府并不应该成为社会运作实践中唯一的权力核心，政府相比于其他主体在法规

---

① 彼埃尔·德·塞纳克伦斯，冯炳昆．治理与国际调节机制的危机［J］．国际社会科学杂志（中文版），1999（1）：91-103.

② 毛寿龙．西方政府的治道变革［M］．北京：中国人民大学出版社，1998：7.

③ 何翔舟，金潇．公共治理理论的发展及其中国定位［J］．学术月刊，2014，46（8）：125-134.

制定和资源分配上占据优势地位，未来公共管理领域的发展趋势必然是以多元代替一元主导和二元互动，以主体间的协商对话代替政府的强制性行政指令，以多元主体参与确保公共治理实践的顺利进行。上述这些都是治理理论对政治学研究的贡献，同时也为公共治理领域政府职能定位、公众参与等诸多问题提供有益思考。但是，治理理论引起西方学术界关注的重要原因是在非洲援助问题上取得的经验和存在的教训，进而扩展到整个公共管理领域。因此，我们需要警惕在全球治理实践中打着民主治理的幌子对他国内政的干涉。①

从公共治理的视角看，治理的关键要素包括行动者、关系、过程和制度。行动者包括政府、私人企业和第三部门等主体；关系通常包括层级、网络与市场三者的关系、政府与社会的关系、集体行动与私人目标的关系；过程包括协同、谈判、决策和执行；制度包含正式制度与非正式制度。② 所以，可从以下三个方面来理解公共治理：①民主协商。政府是治理活动中的参与者之一，与其他主体是平等的。②多元主体参与。包含治理主体的多元化、权力的多中心化两层含义，有助于减少政策执行阻碍，打破单一治理中心无法应对复杂治理议题的困境。③制度保障与信任机制。治理本身就是集体选择下的政策实践，治理主体在制度框架内展开各自的治理实践是基础，非正式制度的辅助作用也较之以往更为显著。各治理主体之间通过信任机制来维系彼此的合作以及对集体选择的遵守，信任机制是公共治理得以有效运作的关键节点。这一点在欧洲社会体制改革中表现得较为突出，当前欧洲公私行为体之间的界限变得模糊不清，治理逐渐被理解为“公私行为体之间任务与责任的共享”，被认为是“持续不断地相互作用的过程中，社会、政治和行政管理行为体的指导性努力”③。

---

① 俞可平．治理与善治［M］．北京：社会科学文献出版社，2000：14-15.

② 余军华，袁文艺．公共治理：概念与内涵［J］．中国行政管理，2013（12）：52-55，115.

③ 吴志成．治理创新：欧洲治理的历史、理论与实践［M］．天津：天津人民出版社，2003：382-383. 转引自 Kohler-Koch，Rainer Eising. The Transformation of Governance in the European Union［M］. London：Routledge，2006：268.

公共治理理论是以治理为理论架构，倡导以政府、市场、公众为治理主体的多主体参与，重视主体间的协商对话，借助信息技术发展，通过公私合作和服务外包的形式将部分管理事项让渡给其他主体，从而提升治理绩效。

二、科学治理、技术治理、科技治理

随着科学与技术、工程乃至工业的逐步融合，科学与社会的结合变得越来越紧密，要想实现科学的进一步发展，依靠传统的政府机制实现的“科学统治”（government of science）将难以为继，向科学、经济和社会等各方面认可的共同目标所引导的“科学治理”（governance of science）转变势在必行。[①] 比如从全球问题的治理来看，许多领域都与科技治理问题直接相关。这些领域主要包括环境治理、国际安全治理（核不扩散条约）、疾病控制、技术研发应用带来的贫富分化、对人类伦理的挑战（克隆）等。[②] 20 世纪 80 年代，Gibbons 和 Gwin 对美国国会技术评估办公室（Congressional Office of Technology Assessment，OTA）在信息技术治理中的作用进行研究。20 世纪 90 年代，以“科技治理”理念研究诸如空气污染、流域治理、生态保护等跨区域、跨领域科技问题，或者跨领域合作问题的趋势初见端倪。他们在加利福尼亚世界海洋资源大会上提出应加强联邦、州、地方以及工业界之间的合作以解决资源的利用问题。[③] 21 世纪初，芬兰、瑞士、挪威等欧洲八国联合出台了科技治理项目。[④] 21 世纪以来，政府主导的“府际科技合作”不断增多。2004 年 7 月，在总统科技咨询委员会（President's Council of Advisors on Science and Technology，PCAST）的牵头下，美国各州与联邦政府在俄亥俄州召开了题为“联邦—州研发合作”（Federal-State R&D Cooperation）的会议，内容涉及合

① 徐治立，朱晓磊．论史蒂夫·富勒的科学治理思想［J］．北京航空航天大学学报（社会科学版），2013（5）：1-5，26.

② 苏竣，董新宇．科学技术的全球治理初探［J］．科学学与科学技术管理，2004（12）：21-26.

③ Gibbons J H，Gwin H L. Technology and Governance［J］. Technology in Science，1985，7（4）：333-352.

④ 曾婧婧，钟书华．科技治理的模式：一种国际及国内视角［J］．科学管理研究，2011（1）：37-41.

作策略的制定、资助体系的建立、伙伴关系及合作环境的建设四个方面的内容。①

随着科技治理实践的深入，科技治理注重以政府为主导，开展多方治理主体间的对话与合作。May 等（1996）对澳大利亚、新西兰和美国的环境治理进行研究，指出应从联邦、州及地方政府合作和共生的角度解决环境问题。② Edler 和 Kuhlmann（2003）指出，在欧洲，国家不再是公共研究、科技及创新政策的唯一制定者，越来越多的跨区域、跨国的科技政策正在成为一国科技政策的重要组成部分，并预见性地提出欧洲未来的科技政策是集中型的科技政策和分权型的科技政策的统一，中央政府起的是协调作用。③

科技政策与管理是公共管理的重要组成部分，治理理论应用于科技政策与管理领域，最终发展出科技治理理论，具体包括科学治理与技术治理。随着科学研究与技术应用融合的增强，两者被统称为科技治理理论。科学治理是指用“治理”的理念和方法来管理公共科学事务，在政府宏观指导下，政府、科学共同体、企业、公众等多元主体共同参与的对公共科学事务的合作管理过程。④ 在科学治理中，治理体系的运行机制既有正式机制，也有非正式机制。在“后学院科学”时代，科技研发与应用成为公共管理的重要组成部分，为应对科技风险与技术应用所带来的不确定性，科技管理领域向科技治理转向成为必然趋势。而科技治理主体参与的多元化，则成为科技治理议题得以有效推进的关键，通过政府、科学共同体、社会公众三方互动博弈，以正式的法权关系和非正式的信任机制构建来实现主体间集体承诺的作出和遵守，以多方治理主体间的互动协商达成政策共识。而在科技

① PCAST. Federal-State R&D Cooperation: Improving the Likelihood of Success [R]. VA: President's Council of Advisors on Science and Technology, 2007: 7.

② May P L, Burby R J, Ericksen N J, et al. Environmental Anagement and Governance: Intergovernmental Approaches to Hazards and Sustainability [M]. New York: Routledge, NY, 1996.

③ Edler J, Kuhlmann S. Scenarios of Technology and Innovation Policies in Europe: Investigating Future Governance [J]. Technological, 2003, 70 (7): 619-637.

④ 程志波，李正风. 论科学治理中的科学共同体 [J]. 科学学研究，2012 (2): 225-231.

治理实践中形成的由科学与社会、市场和政治融合而成的公共空间被诺沃特尼称为“广场”。广场由其行动者之间的互动对话来塑造强化，在一定的规则框架之下辅助行动者围绕话题展开协商对话，不断进行协商和再协商。在一定意义上，科学已经成为各方利益博弈的战场。平衡和协调各种利益冲突属于科学治理的范畴，正确处理利益冲突和承担起科学家应有的社会责任，是科学治理中规范建设的重要方面。① 所以，科技治理是通过建立健全既体现科学理念、科学精神，又具有科学规划、科学规则、科学运作的治理体系，利用现代科学技术进行治理。科技治理利用信息技术依托网络优势建立现代治理信息系统，遵循科学的决策原则进行科技治理决策，提高科技治理参与主体的能力及素质，采用科学的方式、方法和治理工具提升科技治理绩效。②

在长期科技议题治理实践中，针对不同的社会环境、政治体制和文化价值观，治理理论衍生出多种治理模式。Bevir（2006）受多中心治理理论的影响，提出网络化治理模式，倡导主体间的对话谈判，将政府角色从决策和执行转变为指导和协调，赋予地方自主权，丰富治理体系的主体层次，实现治理体系主体多元化和决策合理化。③ Crespy 等（2007）以政府层级治理为视角，指出法国的科技治理体系既有中央政府的居中协调，也有区域以自身的文化、科技发展、研发机构为依据构建的符合自身实际的科技治理模式，既有自上而下的协调和谈判，也有横向的协作和互补。④ Kuhlmann 和 Edler（2003）认为随着欧洲政治进程与科技治理实践的发展，在欧盟整个大的范围内，国家将不再是原有科技政策的制定者和主导者，科技政策制定主体多元化，同时跨区域、跨国科技政策已经成为各国乃至欧盟科技政策的重要组

---

① 单巍，朱葆伟．后学院科学中的信任问题［J］．科学学研究，2013（10）：1465-1471.

② 许耀桐，刘祺．当代中国国家治理体系分析［J］．理论探索，2014（1）：10-14，19.

③ Bevir M. Democratic Governance：Systems and Radical Perspective［J］. Public Administration Review，2006，66（3）：426-436.

④ Crespy C，Heraud J，Perry B. Multi-level Governance，Regions and Science in France：Between Competition and Equality［J］. Regional Studies，2007，41（8）：1069-1084.

成部分，各国的科技政策体系多元化程度进一步加强，欧洲科技发展已经越发呈现出多元主体参与、政府居中协调的特点，而科技政策制定和执行中体现出的集权和分权交叉并进也将成为欧洲今后科技政策发展的趋势。[①] 对于多层级治理，Kaiser（2003）对欧美科技政策及科研转化能力进行对比研究，得出欧洲科技产业化较弱的原因并不在于本身的科研水平较低，而是由于分散的科技政策执行主体，导致科技研发应用分散化，无法在科技治理实践中整合优质科技资源，攻克治理难题。他认为应当采用多层级科技治理模式，凝合欧洲各个国家的优势科技资源。[②] 同时，Parsons（2001）指出虽然多层级科技治理已经在欧洲兴起了近十年的时间，然而在英国主流科技政策制定模式仍然是“集权化的控制而非信息的交流，或者倾听来自不同利益集团的声音”[③]。

科技治理是政府主导下的科技政策与管理领域的新变革，倡导科技治理主体参与多元、开放、平等、独立，以议题治理为驱动力，通过构建柔性的治理框架与网状的治理模式平衡主体利益，以明确的法权关系确定科技治理主体的行为边界及对承诺的遵守，以商谈对话达成科技治理主体间的共识与共同遵守的普遍规范，以多元参与、民主协商、互动合作应对科技治理风险，重视政府在科技治理实践中的辅助性制度建设、科学共同体的负责任创新以及社会公众的主动参与，关注科技治理成本和科技治理绩效问题，重视多元主体的话语权分配和政策参与空间建设，通过运用灵活多样的科技治理工具提升科技治理绩效。

---

① Kuhlmann S, Edler J. Scenarios of Technology and Innovation Policies in Europe: Investigating Future Governance [J]. Technological, 2003, 70 (7): 619-637.

② Kaiser R. Innovation Policy in a Multi-level Governance System: The Changing Institutional Environment for the Establishment of Science-based Industries [C] //Behrens M (Ed.). Changing Governance of Research and Technology Policy: The European Research Area U. K. Northampton, Mass Elgar, 2003: 290-310.

③ Parsons W. Modernising Policy - making for the Twenty - first Century: The Professional Model [J]. Public Policy and Administration, 2001, 16 (3): 93-110.

第二节 理论基础

一、多中心理论

多中心理论由美国政策科学家埃莉诺·奥斯特罗姆（Elinor Lin Ostrom）和文森特·奥斯特罗姆（Vincent A. Ostrom）提出并发展，是当代公共管理与政策科学领域代表性理论之一，通过对“公地悲剧”（Tragedy of the Commons）、“囚徒困境”（Prisoner's Dilemma）等典型案例的分析，倡导通过有效的多元制度供给规避公共治理困境，扩大社会力量对公共管理的参与程度并予以明确的制度保障。多中心理论中的“多中心”实际上是一种多元主体参与社会事务的体现，更重要的是在单一治理主体内部也要打破层级限制，促进不同层级的主体通过开放式的竞争达成灵活多样的合作方式。“他们在竞争性关系中相互重视对方的存在，相互签订各种各样的合约，并从事合作性活动，或者利用核心机制来解决冲突，在这一意义上大城市地区各种各样的政治管辖单位可以以连续的、可预见的互动行为模式前后一致地运作。也在这一意义上，可以说它们是作为一个体制运作的。”① 奥斯特罗姆夫妇的多中心理论重视公共治理过程的多中心与自组织，在制度设置上通过管理层次、级别和阶段的划分确保多样性和丰富性，以有效应对社会管理事务，为其他主体参与社会管理提供更多的参与空间和活动范围。

波兰尼在《自由的逻辑》中通过对组织社会任务中两种不同秩序的分析，提出“多中心性”（Polycentricity）的概念，认为组织社会中的两个秩序分别是智慧秩序和多中心秩序。前者意指一种组织运作过程中的单中心权威

① 奥斯特罗姆，帕克斯，惠特克．公共服务的制度建构［M］．宋全喜，任睿，译．上海：上海三联书店，2000：12.

治理的成绩模式，注重任务发布与组织架构的层级化；后者体现为组织运行中个体自我调适的多中心运行体系。在多中心秩序中，不存在限制个体发展的强加力量，要素之间相互独立，可以自由地追求自身利益、实现价值。波兰尼认为“多中心”包含两个关键特质，一是多中心由多个彼此之间相互独立、规范的个体组成，能够进行长期持久的有序互动；二是自发性是维系这种有序关系的内生动力。单中心指挥秩序的系统失败导致多中心秩序的产生，多中心更多的是源于政治腐败的逻辑[①]。在单中心秩序中，由于整个体系内都要遵从严密的自上而下的指令关系，在个体要素仅具备有限知识和执行能力的情况下，容易出现下级传递虚假反馈信息以取悦上级的现象。信息的丧失和信息沟通的扭曲会导致失控，绩效与期望出现反差。[②] 此时，在不同行为层次中发生自我组织的倾向，多中心秩序将会自我产生或自我组织起来。然而，波兰尼只是在理解市场行为和司法决策中说明了多中心模式的意义，并没有将之用于解释公共经济领域中。

多中心治理体制主要具有以下特点：多中心治理的主体是复合型的多元主体，且在形式上是长期相互独立的。多中心理论是公共治理领域的代表性理论，囊括政府、市场、社会三大主体，注重在公共管理实践中调适三大主体的利益关系，扩大公共治理的主体参与层次，从制度框架、运行机制、对话机制、协调反馈机制等方面入手，形成新的权力运行格局，打破政府与市场对公共事务的垄断，从法律和制度层面引入第三方力量，在新公共管理运动相关理论实践的基础上，通过公共服务供给的多元化来实现多中心多维度的社会治理网络架构。“多中心治理的结构是网络型的。……网络没有单一的中心，每个中心就是网络上的一个节点，每个中心体与其他中心体之间的交流循环往复，跳过了间接代表性和层级性，直接表达自己的利益。”“多中

① 迈克尔·麦金尼斯．多中心体制与地方公共经济［M］．毛寿龙，译．上海：上海三联书店，2000：78.

② 奥斯特罗姆，等．公共服务的制度建构［M］．宋全喜，任睿，译．上海：上海三联书店，2000：11-12.

心治理的目标是实现公民利益最大化和公民多样化的需求。"① 综合来看，多中心治理体制的主要特点是多中心治理的主体是复合性的多元主体，且在形式上是长期相互独立的。根据奥斯特罗姆夫妇的观点，多中心意味着管理社会公共事务主体从一元决策走向多元共治，决策权广泛分散，不再是单中心政治体制中，终极权威的专有权归属于某一决策机构。决策中心延伸到政府单位、私人机构、社会组织及公民团体，涵盖中央层级和地方层级，构成多主体治理的网络格局。这些行动主体可以分为寻求公益物品的集体消费群体（公民社区、政府管辖单元）、公益物品的生产群体（私人企业、政府机关、第三部门）以及联结二者的中介群体（单个公共企业家、公共机构）。需要厘清的是，决策权威的分散并不单单等同于多中心治理体制，关键在于是否存在多个参与机会，确保参与主体能够在具体问题面前做出最佳抉择，而不是在于管辖单位数量的多少。

多中心治理体制的运作模式是复合嵌套型的。主体之间的互动反馈呈现出双向或交叉的网状形态，不同层级的系统单元均嵌套在较高层级的系统中，平行层级的系统单元则彼此交融，网络中的每个节点构成整个系统采取集体行动的关键。"多中心"这一术语适当地概括了交叠生产层次和多个领域政治互动的智慧②。在多中心治理体制中，三种类型的行为者即消费、生产和提供公益物品或服务的主体可以在不同层级范围内进行混合、搭配协作，彼此之间不必一一对应，个人和社群依据利益偏好通过直接或间接的方式参与公共事务管理。任何集体性的消费单位可以潜在地接触若干生产单位，在可替代的合作目标中进行自由抉择。奥斯特罗姆指出，决策主体之间关系的维系有赖于充分的竞争、谈判和协作机制，多中心政治体制的绩效只有借助协

① 王志刚．多中心治理理论的起源、发展与演变［J］．东南大学学报（哲学社会科学版），2009（S2）：35-37．

② 迈克尔·麦金尼斯．多中心体制与地方公共经济［M］．毛寿龙，译．上海：上海三联书店，2000：7．

作、竞争和冲突的模式才能得到理解和评估。[①] 在此，奥斯特罗姆尤其强调“协作生产”在多中心机制中的重要作用，主张公众力量的积极介入是生产高质量公共产品或服务的关键环节，一个有效的公共服务系统的维持，在很大程度上取决于单个公民积极性的发挥。[②] 由此看来，集体消费单位和生产单位之间就具有了半市场的特色，不再依靠单一、垄断的最高权威中心进行协调，在非竞争性的场合中也能够激发出竞争性压力，可供选择的范围越广，在公共服务领域的竞争性压力程度就越大，为高绩效、低成本生产提供了可能。但是，多中心体制也不能被简单地看作“市场模式”，在原子个人主义和古典经济理论强调的市场自由竞争条件下，公益物品和服务的生产或提供将会失败。多中心必须根植于国家法律宪政、政治制度的安排，企业家为公民社群提供公益物品或服务需要得到法律的认可保障。

多中心治理理论打破二元共治局面，重视第三方力量在经济社会管理中的作用。通过理论创新与制度建构将各个相对独立的主体联结起来，并确保其在社会事务中维持自身的独立性，并且共同促进社会公共事务的高效解决。多中心治理理论实际上是以政府、市场和社会公众为核心打造的多元主体共同参与社会管理的治理模式，它的价值在于通过社群组织自发秩序形成的多中心自主治理结构、以多中心为基础的新的多层级政府安排，具有权力分散和交叠管辖的特征，多中心公共论坛以及多样化的制度与公共政策安排，可以在最大程度上遏制集体行动中的机会主义，实现公共利益的持续发展[③]。但是，多中心治理理论在理论体系、研究对象、制度环境、实践应用等层面仍然存在一定的局限性，多中心治理在无法解决公共物品的制度供给、可信承诺、相互监督三个理论困境的情况下容易陷入“无中心”的倾向；理论成

① 迈克尔·麦金尼斯．多中心体制与地方公共经济［M］．毛寿龙，译．上海：上海三联书店，2000：57.

② 迈克尔·麦金尼斯．多中心体制与地方公共经济［M］．毛寿龙，译．上海：上海三联书店，2000：121.

③ Ostrom E，Schroeder L Wynne S. Institutional Incentives and Sustainable Development Infrastructure Policies in Perspective，Boulder［M］. CO：Westview Press，1993.

立的制度环境不具有普遍性，多中心治理理论成立的制度环境是西方民主社会，该理论是否存在于世界范围内的其他社会模式还有待商榷；实践层面缺乏可操作性，多中心治理的条件要求相当严格，参与治理的个体相似度高，对公共资源的依赖性强，个体间互惠意识加强，这些条件在现实社会环境中具备的难度很大，影响了该理论在实践层面上的操作性。①

二、倡议联盟框架理论

传统的政策过程理论简单地将政策实践分为政策提出、政策制定、政策执行、政策监督与执行反馈等几个环节。政策过程理论认为，政策实践的发展均是按照这几个阶段进行的，以较为明确的线性划分人为割裂了政策议程中不同主体之间复杂的利益关系和主体在政策议程环节的博弈，忽视了政策实践环节由于主体认知和利益的不一致所导致的某一政策议程阶段的重复博弈，以及政策议程环节在某一节点所出现的政策终结与政策重启。为更好地规避政策过程理论在逻辑和经验上存在的缺陷对政策实践带来的消极影响，全面剖析和准确把握政策议程环节信念、环境、制度及主体互动对最终政策实践的影响，在政策分析阶段理论的基础上，保罗·A. 萨巴蒂尔（Paul A Sabatier）和汉克·C. 詹金斯-史密斯（Hank C. Jenkins-Smith）提出倡议联盟框架理论（Advocacy Coalition Theory），以联盟之间的对抗和博弈展开政策对话，借助政策学习机制建设，回答政策阶段理论无法解释的很多政策困境。

萨巴蒂尔和詹金斯-史密斯提出的倡议联盟框架理论，摒弃了传统政策过程理论的线性思维的束缚，以政策实践过程中主要政策参与主体间的利益博弈、联盟冲突与对话合作，深层信念、次要信念体系以及辅助性制度间的博弈为视角，注重政策实践中部分环节间的循环往复以及主体间在不同政策阶段的对抗与合作的转换，更为准确地把握和厘清复杂的政策实践过程。倡议联盟框架理论以政策参与者之间的互动博弈和第三方的斡旋为着眼点，通

① 李平原，刘海潮．探析奥斯特罗姆的多中心治理理论——从政府、市场、社会多元共治的视角［J］. 甘肃理论学刊，2014（5）：127-130.

过政策学习与信念体系的变化来分析政策议程，以政策参与者之间的政策学习来把握政策议程出台和执行的过程。“在政策子系统内，假定参与者被分为许多政策倡议联盟，这些政策倡议联盟包括了来自各个政府机构和私营机构的人员，一个联盟的成员在基本理念和因果关系上有着共同的信念，通常也会采取一致的行动。在任何一个特定时刻，每一个联盟都有一个战略设想，一个或更多的制度创新，联盟成员相信这些战略设想和制度创新能够帮助他们实现政策目标。各个联盟的战略互相冲突，通常都由第三方来斡旋调解，寻找合理的妥协方案，减少激烈冲突。最终的结果是一个或更多的政府政策，这些政策反过来又在操作层面产生了很多政策后果。”①

在倡议联盟框架理论中，核心元素和次要元素的区分是政策学习的前提，这往往需要从联盟本身的信念体系和政策理念入手。每一个联盟都是对核心信念体系保持认同的诸多组织和个人的集合。这些共同遵守的核心信念指导它们在政策实践中的行为导向和政策诉求，在相当长的时间内并不会发生明显的变化，这也确保联盟内部在长期运作过程中的稳定性。政策倡议联盟试图学习整个机制运行的情况、各种外部干预对政策实践进程带来的影响，希望通过政策主体间的合作来实现他们的政策目标。但是，因为倡议联盟内部对改变核心信念的抵制，这种“以政策为导向的学习”通常局限于信念体系中较为次要的方面。只有当一个联盟取代另一个联盟占据主导地位的时候，有关公共政策的核心信念才会发生改变，这种情况主要源于系统外因素的改变。②

与传统的政策阶段分析方法相比，倡议联盟框架理论打破线性单一划分方式在分析复杂政策议程中的困境，以动态的联盟博弈取代静态的阶段划分是倡议联盟框架理论重要的理论突破点之一。在倡议联盟框架中，“以政策倡议联盟作为分类单元，分析多重的、互动的、牵涉各个政府层级的（或者

① 保罗·A. 萨巴蒂尔，汉克·C. 詹金斯-史密斯. 政策变迁与学习：一种倡议联盟途径［M］. 邓征，译. 北京：北京大学出版社，2011：18-19.

② 保罗·A. 萨巴蒂尔，汉克·C. 詹金斯-史密斯. 政策变迁与学习：一种倡议联盟途径［M］. 邓征，译. 北京：北京大学出版社，2011：6.

不同国家的、或者同一层级的不同地方政府之间的)、包括政策制定、实施、再形成等阶段的政策循环圈的能力"①。倡议联盟框架理论更加重视政策议程背后参与主体的信念体系的作用，外部经济社会环境的变迁对政策变革的影响，政策学习在联盟博弈和治理实践推进中的影响。这也点明了倡议联盟框架理论运作的两大动力来源，分别是个体在寻求自我实现和政策诉求上的实践活动对联盟内部次要信念体系影响触动政策学习的开启，外部经济社会环境的变革与内部子系统政策需求的变迁所引发的系统内部参与者信念体系的变革，最终对联盟间的政策学习的推进和政策议程的变迁起到一定的影响。

三、自主治理理论

埃莉诺·奥斯特罗姆在多中心理论基础上，看到追求个人理性所造成的集体行动困境，在承认其存在的前提下，以公共池塘资源的研究为切入点，对国家和市场在占有公共资源基础上的集体行动局限性展开研究，提出组织内部成员以责任和利益为纽带，通过相互的沟通、协调实现行动的有序化，从而提出自主治理理论。自主治理理论针对的是公共行动中的"搭便车"、责任规避与其他机会主义行为对集体和集体之中其他成员利益造成的损害。埃莉诺·奥斯特罗姆通过案例分析来构建集体资源使用中成员如何通过制度建构和责任委托的形式，以自组织的形式确保利益联合体的形成和稳固，减少甚至杜绝对集体利益的侵害，实现公共池塘资源的有效利用。在自主治理理论中，自组织的形成与发展是解决公共资源利用中集体选择困境的有效办法，但自组织必须在长期的治理实践中实现"如何对变量加以组合，以便增加自主组织的初始可能性，增强人们不断进行自主组织的能力，增强在没有某种外部协助的情况下通过自主组织解决公共池塘资源问题的能力"②。

---

① 保罗·A. 萨巴蒂尔，汉克·C. 詹金斯-史密斯. 政策变迁与学习：一种倡议联盟途径［M］. 邓征，译. 北京：北京大学出版社，2011：35-37.

② 埃莉诺·奥斯特罗姆. 公共事物的治理之道：集体行动制度的演进［M］. 余逊达，陈旭东，译. 上海：上海三联书店，2000：51.

自主治理具有以下内涵：其一，自主治理的对象是组织成员平等占有的公共经济资源。其二，自主治理的内部条件是组织成员具有参与意识并拥有平等政治与经济权力。其三，自主治理的外部环境是政府允许或放权。显然，自主治理理论所叙述的自主治理，也是政府放权前提下的自主治理，绝非组织内部孤立的自主行为，更不是经济基础与公共权力非均衡条件下的组织行为。[①] 自主治理理论的中心问题是，一群相互依存的人是如何把自己组织起来进行自主性治理，并通过自主性努力以克服“搭便车”现象、回避责任或机会主义诱惑，以取得持久性共同利益的实现。在这样一种立宪秩序内，个体组成公司生产私益物品，并参加无数的团体以生产公益物品以及管理其他公共池塘资源；政府权威在各种层面上都是有重要作用的，所有作用在本质上都是支持性的。政府在一种多中心秩序下最终的作用，是以一种符合社会公正标准的方式去协助地方管辖单位解决他们之间的利益冲突。[②]

“公地悲剧”“囚徒困境”和“集体行动的逻辑”只适用于规模较大的公共池塘资源且个体之间缺乏有效的沟通等环境下，对于规模较小公共池塘资源占用者的行为，这些模型几乎没有什么用处。因为在小规模公共池塘资源环境下，人们不断地沟通，相互打交道，相互之间建立起信任、依赖、合作的模式。占用者之间能够为公共事务治理组织起来，进行自主制度设计和自主治理。奥斯特罗姆认为，影响个人策略选择的有四个内部变量：预期收益、预期成本、内在规范和贴现率。他指出，人们选择的策略会共同在外部世界产生结果，并影响未来对行动收益的预期。个人所具有的内在规范的类型受处于特定环境中其他人的共有规范的影响。同样，内部贴现率也受个人在外部任何特定环境中所拥有的机会的影响。埃莉诺·奥斯特罗姆在开始对制度选择分析框架进行探讨的过程中发现，如果存在三个条件，即每一个总和变量都有准确的汇总方法，个人能把有关净收益和净成本的信息完全而准

① 蔡绍洪，向秋兰．埃莉诺·奥斯特罗姆自主治理理论的重新解读［J］．当代世界与社会主义（双月刊），2014（6）：132-136.

② 陈艳敏．多中心治理理论：一种公共事务自主治理的制度理论［J］．新疆社科论坛，2007（3）：35-38.

确地转化为预期收益和预期成本，个人以直截了当而非策略的方式行事，制度分析人员在预测个人策略时，就只需确定总和变量的价值。但“不幸的是，对分析人员来说，几乎没有现实场景是以这三个条件，甚至其中的一个或两个条件为特征的”。埃莉诺·奥斯特罗姆认为，影响个人选择的有四个内部变量：预期收益、预期成本、内在规范和贴现率。①

奥斯特罗姆的自主治理理论的主要内容可以概括为八个行为原则：清晰界定边界、使占用和供应规则与当地条件保持一致、集体选择的安排、监督、分级制裁、冲突解决机制、对组织权的最低限度的认可、分权制企业。边界的界定是为明确治理对象所辖范围和参与对象的权限，是自主治理开展的基础和前提；使占用和供应规则与当地条件保持一致、集体选择的安排、监督、分级制裁、冲突解决机制、对组织权的最低限度的认可是自主治理理论运作规则，即包括成员对公共资源的分配、彼此权益的协调、集体行为的协商与执行以及矛盾冲突的解决机制建设等方面；分权制企业可以体现出自主治理理论所追求的治理运作模式是分权式的，注重权力参与主体多元化基础上的运作体系打破官僚的成绩限制。

但自主治理理论所选择的样本案例均是较小的社会群体，群体内部成员之间可以针对公共事务展开交流，协作和参与意识较强。不存在类似多中心治理样本较大所导致的内部成员沟通的缺乏，其治理资源是公共的、开放的，共同体内部成员均可开放获取而不受限制。自主治理得以运行的前提则是成员具有良好的参与素质和相关的制度保障，同时管理者可以允诺以自组织的方式对公共资源展开相关治理活动。因此，自主治理理论并不是组织成员私下开展的治理实践，其本身是政府指导或者许诺下针对组织资源管理绩效的提升所开展的相关实践活动。自主治理实践的有效推进需要一定的条件，要求组织成员有自治的传统与能力，以及公共资源问题的相对封闭性，成熟的社会组织与开放包容的政治体制也是自主治理成功的关键。组织成员所具有

① 侯灵艺．埃莉诺·奥斯特罗姆公共治理思想研究［D］．长沙：湖南师范大学，2008：31.

的自治传统与能力可以确保较为明晰的治理路径，避免个体成员利益博弈对公共资源造成的损害，以共同体成员共同认可的制度惯性来明确行为边界有助于帮助降低治理成本；较为封闭的环境有助于减少外部环境的干扰，避免复杂性程度增加导致集体行动难度的增大，个体成员的稳定性对于行为边界的有效确定和共同目标的达成帮助甚大；成熟的社会组织是自主治理得以践行的关键因素，社会组织赋予个体成员诉求表达渠道与矛盾调和平台，制度性的对话机制有助于减少混乱所导致的治理绩效的降低，也会避免机会主义行为对共同利益达成所造成的阻力；开放包容的政治体制意指权力的共享与决策执行环节的公开透明，个体成员集体行动的有效性与政府的支持密不可分，政府在行政性事务上对其他社会主体的开放是主体间合作达成的基础。

奥斯特罗姆的自主治理理论以集体行动案例的分析和自组织理论的建构，丰富了集体行动和非正式规则的内涵，指出在外部条件合适的情况下开展自主治理的步骤，对于个人理性在集体实践与目标达成中的作用予以明确，指出个体成员间的互动配合是公共问题得以有效治理的重要因素；同时，“将非正式规则纳入到制度分析的范围，使之与正式制度之间实现了有机统一，从而拓宽了传统制度理论的研究视野，对公共事务的治理理论的发展做出了重大贡献”①。第一，自主治理理论“通过对一群相互信赖的委托人如何将自己组织起来进行自主治理的研究，开发了自主组织理论和治理公共事务的治理理论，从而在企业理论和国家理论的基础上进一步发展了集体行动的理论”。第二，自主治理理论认为，公共池塘的使用规则并非只有法律上的规则，实际上，非正式的规则也可能是有效的规则。第三，自主治理理论指出，“完全依赖模型作为政策分析基础这一做法存在着一个认识上的陷阱，这就是学者会认为他们是无所不知的观察家，能够通过对系统的某些方面的规范

① 蔡绍洪，向秋兰．奥斯特罗姆自主治理理论的主要思想及实践意义［J］．贵州财经学院学报，2010（5）：18-24.

化的描述，领悟复杂的动态系统运作的真谛”①。这一论述指出了理论模型的局限，突破了社会科学领域受经济学研究方法影响形成的模型崇拜，强调了理论指导下应用多元研究方法的重要性。②

① 埃莉诺·奥斯特罗姆. 公共事物的治理之道：集体行动制度的演进［M］. 余逊达，陈旭东，译. 上海：上海三联书店，2000：8.

② 蔡绍洪，向秋兰. 埃莉诺·奥斯特罗姆自主治理理论的重新解读［J］. 当代世界与社会主义（双月刊），2014（6）：132-136.

第二章　科技治理的柔性模式

随着科技政策与管理领域进入“科技治理时代”，运用科技治理的理念、方法和策略解决我国科技治理实践中存在的利益纠纷和矛盾冲突，克服科技管理体制改革中存在的阻碍，协调科技活动中各方治理主体间的关系，减少认知分歧对科技政策执行造成的阻碍，已成为我国当前科技体制改革深入进行的关键因素。作为科技政策与管理体制改革的切入点，构建符合我国国情的科技治理柔性模式与科技治理运行机制，需要围绕科技治理主体完善制度建构与组织安排，重视科技治理实践中的治理议题行动落实与流程运作。它们本质上都是为了更好地应对当前大投入、大规模、高风险的科技研发活动，力求将一致性原则通过国家的政治安排来实现，将对主体间的隐性约束变为显性约束①，确保科技治理主体间达成共同的治理目标，减少因认知分歧和利益冲突导致政策的执行不力，更好地推进科技议题的治理进程。通过分析国内外较典型的公共治理模式，结合我国科技政策与管理体制改革工作的现状和改革要求，提出符合我国科技治理实践现状的科技治理柔性模式，推动我国科技治理体系的发展完善。

---

① 李侠，邢润川．后现代视域中科技伦理主体的消解［J］．现代哲学，2002（3）：41-48.

第一节　现有治理模式评述

“新公共管理运动”伊始，随着经济社会环境的变革，通过国家、市场与第三方力量的博弈，政府构建的管理模式和主导的管理理念、管理方法也都发生较大改变。随着治理理念的深入推广和不断发展，公共管理领域发展出几个较为典型的治理模式：整体性治理模式、网络治理模式与多层级治理模式等。

一、整体性治理模式

治理模式的运用与发展并不是在否定政府在公共管理实践中的地位与作用，而是引入第三方力量为政府公共治理实践提供有力支持，强调治理实践中公共行动者之间的合作互动以应对“政府失灵”与“市场失灵”带来的治理困境。公共治理领域诸多治理模式的建构与发展，均需要对政府在治理模式中的角色、功能以及与其他治理主体间的关系作出明确的规定，以治理主体行为边界的明确划分和对集体目标的共同认定来整合主体力量参与公共治理实践。与其他治理模式不同的是，整体性治理模式重视政府内部不同部门之间或者不同层级的政府之间的合作，打破政府部门间的制度阻隔和部门利益造成的信息、资源、人员上的流通调配不畅。在跨域性治理问题上，整体性治理有利于超越因政府层级间利益诉求、认知分歧和治理目标不同造成的治理阻碍，减少因部门利益扯皮导致的治理停滞现象，打破政府内部层级、部门界限，以政府为核心联通区域内部公私领域，确保区域内各治理主体及其成员可以为达成共同的治理目标而努力。

整体性治理从理念提出、实践检验和治理模式提出并完善，本身就是对前期公共管理实践尤其是新公共管理运动的反思，政府部门借助信息技术对

政府运行机制和服务模式进行改革为契机，政府开始重视公众的政策诉求，强调对政府部门职能的优化整合，通过职能转变与扩大授权达成治理目标。在整体性治理模式中，强调层级整合、功能整合、公私合作整合，有清晰的可操作的组织结构和运行方式。整体性治理注重公民权、民主治理、公民参与等价值，强调政府责任的复杂性和重要性，重视整体与服务。整体性治理过程中，政府在目标与手段上是一致的[①]。整体性治理以优化整合为核心理念，通过对公私部门之间、政府内部不同层级或同一层级政府部门之间和功能内部的整合推动治理绩效的提升（见图 2-1）。

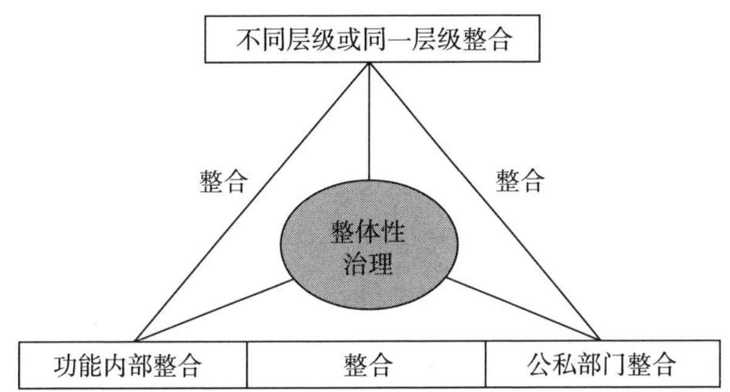

图 2-1　整体性治理整合的三个面向

整体性治理着眼于政府部门内部治理机制的改造，意在打破单一政府部门或者不同层级政府开展公共治理活动所导致的政府公共服务碎片化现象，规避组织目标的冲突对立、政府服务的重叠等问题。整体性治理作为治理理论在公共治理实践环节的代表模式，可以减少参与主体单一化所导致的利益冲突和认知分歧，避免政府内部不同部门之间的政策冲突所导致的实践困境，提高公共政策执行力，整合并提高政府资源的使用效率，以政府掌握的资源为核心深化公共治理主体之间的交流合作。同时政府逐步退出对公共服务的

① 黄滔．整体性治理理论与相关理论的比较研究［J］．福建论坛（人文社会科学版），2014（1）：176-179.

具体提供环节，转而借助第三方外包、采购、竞标、合作等方式参与公共服务环节。这样既可以利用专业组织提供更为优质的公共服务，也可以节省政府的行政成本，提高政府的治理绩效，从而提升政府治理能力。

整体性治理重视政府公共服务流程的变革与公共服务质量的提升，再一次重申政府在公共事务管理中的重要性，重视公共治理实践中的民主性与公平性，运用开放式协调、共同生产等政策工具展开公共治理实践。整体性治理理论的提出和运用对于政府治理理念的创新和治理工具的变革也提供了诸多有益借鉴。在实际运行中，“整体治理以公众需要和公众服务为中心，强调政府的社会管理和公共服务职能，通过协调、合作、整合等方法促使公共服务各主体紧密合作，为公众提供无缝隙公共服务，把民主价值和公共利益置于首要位置，具有‘宪政’特征。”“整体治理理论以整体主义为理论基础，以网络信息技术为平台，对不同的信息与网络技术进行整合，推动了政府行政业务与流程的透明化，提高了政府整体运作效率和效能，使政府扮演一种整体性服务供给者的角色”①。整体性治理模式非常重视现代信息技术的运用，借助信息技术的不断创新将更多社会主体纳入整体治理网络中，减少社会主体之间的交流不畅，通过主体间的整体运作与集体共识的达成，与政府战略协作和统筹服务作用的发挥，促进政府、市场与社会公众三者治理网络运作的协调通畅。

我们要认识到的是，首先，整体性治理本身需要借助信息技术的完善以及政府治理体系的完善才能够有效实现。因为，整体性治理是一种外来文化，无论是理论的接触还是实际中的运用，与中国本土的融合似乎还需要一定的时间。其根本的问题在于当前政府的组织、管理和人事制度是为等级制政府模式而不是整体性治理模式设计的。因此一种纵向的管理模式和网络状的治理模式在实际运行中经常会发生冲突②。在长期的运作中，整体性治理依旧

① 崔会敏．整体性治理：超越新公共管理的治理理论［J］．辽宁行政学院学报，2011，13（7）：20-22.

② 翁士洪．整体性治理模式的组织创新［J］．四川行政学院学报，2010（2）：5-9.

存在过度依赖信息技术与电子政务等工具的问题，难以有效协调个人利益与部门利益、主体利益与整体利益的差异，第三方监管的难度较大，容易发生治理失灵现象。我们必须看到，整体性治理顺利运作的关键在于有效的组织载体与完备的治理网络，确保全部行为主体在统一平台上展开联合治理实践，这在一定程度上是官僚制度的反映。而且上述目标的实现必然要依靠信息技术的高度发展，利用虚拟化、网络化的电子化政府来克服这个实际组织载体的局限性，所以整体性治理模式运行的有效性在相当程度上取决于信息技术的发展①。其次，整体性治理并不十分契合我国当前的政府结构与科技管理体系，我国的社会管理制度依旧是官僚制下的层级管理制度，从根本上并不符合整体性治理的制度设计要求，这会导致“纵向的管理模式和网络状的治理模式在实际运行中经常会发生冲突”②。最后，整体性治理重视在公共治理实践中引入私人部门力量，倡导在政府公共服务提供中引入公私合作模式，推动和强化政府与独立的第三方合作，借助第三方机构的专业人才降低行政成本并为社会公众提供更好的服务，并以第三方主体的参与为切入点，打破政府部门之间和不同层级政府之间的隔阂，强化政府部门内部之间的合作。但是，治理主体自身利益所带来的自利性必然会影响到合作的深度与信任的维系，资源掌握的不同与技术水平的高低也必然会影响服务的稳定性与质量，这也为整体性治理的发展带来一定的阻碍。

二、网络治理模式

网络治理模式重视主体间政策网络的构建，治理主体通过政策网络实现联结并发表政策建议，明确彼此的行为边界并确定治理目标，根据治理议题来制定相应的政策决议并进行信息和资源的共享和互换，最终通过政策网络联结治理主体展开公共治理实践活动。网络治理模式是当前公共治理领域典型的模式之一，重视制度与非制度因素在公共治理实践中的作用，通过多元

① 翁士洪．整体性治理模式的组织创新［J］．四川行政学院学报，2010（2）：5-9.

② 费月．整体性治理：一种新的治理机制［J］．中共浙江省委党校学报，2010，30（1）：67-72.

主体参与和共同目标的确立实现主体间信任的建立和维护。以政策网络的构建为联结点，实现公共治理主体在实践中主动参与、相互合作、矛盾调和与责任共担。通过在公共治理实践中的协同治理行为实现共同的利益诉求和彼此利益的最大化是网络治理的重要目标之一。

以政府是否为发起者，可以将网络治理分为广义和狭义两种。广义的网络治理是指两个或两个以上的组织或公民个人通过互动与协作，共享权力和共担责任的形式和过程；狭义的网络治理是指政府与其他组织通过谈判和协商形成显现的或隐含的契约，建立合作伙伴关系，共同应对公共挑战和提供公共服务的一种形式和过程。[①] 一般来说，对于网络治理模式的解读主要从治理工具、治理过程和治理制度建设等视角出发，“网络治理在工具视角下侧重于如何选择民主而科学的政策工具；在过程视角下侧重于如何便于行动者互动过程，包括发现和解决冲突；在制度视角下侧重于寻找正确的激励结构和正确的规则体系”[②]。网络治理的运行机制就是政策议程及政策实践的公开化与主体参与的多元化，以共有的信任、价值观和目标为指引，通过制度约束和非制度约束机制，注重在治理实践中摆脱治理主体间的依赖，提升公共资源利用的透明度和增强主体参与程度，确保治理主体的矛盾冲突保持在可调和的范围内，治理目标的确定和治理实践活动的开展是多方主体共同博弈的结果，要实现各治理主体利益的最大化而不是对彼此造成损害，变革单一主体所导致的暗箱操作，实现社会自主治理。

网络治理模式在长期公共管理实践中，具有以下几个突出的特点：

一是议程制定的公开化，主体参与的多元化，打破线性政策阶段模式的束缚。公共治理行动的开展不再是政府主导，或者政府与市场间的双向互动，治理议程的发起和确定、公共资源的使用需要三方主体共同参与，通过主体间反复博弈确定集体行为边界和共同治理目标，政策循环与政策终结也出现

① 刘波，李娜．网络化治理——面向中国地方政府的理论与实践［M］．北京：清华大学出版社，2014：17.

② 杨丹华．政策网络治理及其研究述论［J］．理论导刊，2010（7）：89-92.

在议程中，政策议程已成为主体利益博弈的一个组成部分而非最终环节。

二是公共行动体系以信任为纽带，以政策网络为核心。以共同利益的确立强化主体间的相互依赖，以信息交流和资源共享密切主体间的合作，通过治理实践的深入强化主体间的信任，主体间的信念体系和价值观层面的认同是主体间信任构建和维护的关键，最终促进政策网络的建立；政策网络本身可以进一步扩大治理主体间的共同利益并减少认知分歧与利益冲突，增强治理主体的相互依赖和信任来实现资源共享与利益协商的持续性。

三是治理实践以政策学习为发起点，注重治理主体间的互惠合作与相互依赖，通过主体间的协商对话与合作博弈，在一定政策共识的基础上发起政策议程，为下一步的科技治理实践拟定相应的科技治理实施细则。在政策网络中，各治理主体及其成员均可以借助其展开信息交流与资源共享，并且展开小范围内的对话合作，弱化治理主体间的认知分歧和利益冲突，以部分治理主体先期达成一定的政策共识来最终推动治理目标的实现。

与整体性治理围绕政府内部不同，网络治理更多的是针对不同治理主体间的互动、合作、博弈与对抗，重视信任、价值观等非制度性因素在治理实践中的作用，对于当前动态性和复杂性增强的治理议题，具有较好的公共治理实践效果，以集体选择和共同目标强化主体间认同，以共同利益诉求的实现减少治理阻碍，提升治理绩效。在网络化治理理论的发展中，有工具主义、互动主义和制度主义三种比较典型的分析视角为学术界采纳。工具主义视角关注的是行动者之间通过第二代治理工具对彼此施加影响的方式及其效果。互动主义视角以治理主体的政策共识和集体选择为切入点，围绕其展开彼此间的对话合作与政策博弈，弱化彼此之间的认知分歧和矛盾纠纷，寻求集体目标的顺利达成。制度主义视角则是围绕政策网络展开理论建构，认为整个治理实践中的行为者、资源、治理工具都是政策网络自身的结构性因素之一，所有的治理实践都在政策网络之中发起，也最终依靠政策网络完成。制度主义视角较前文两个视角更加关注价值因素、道德规范、地方性知识、社会运行规范的影响，并注重考察和探究政府及其他治理主体在政策网络中的互动。

琼斯所提出的网络治理模型借助了社会学概念中的结构嵌入理论（见图 2-2）。

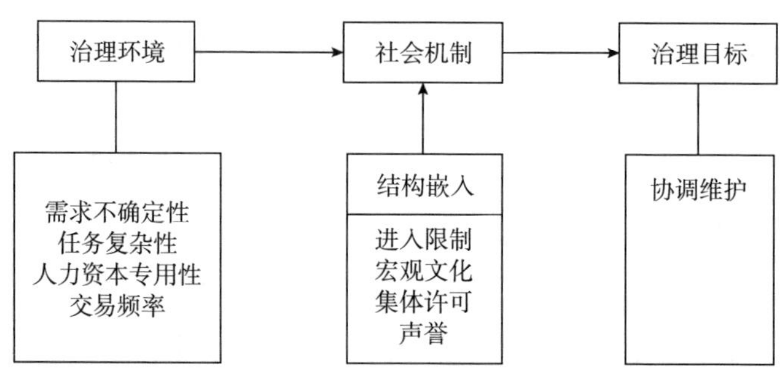

图 2-2　琼斯的网络治理模型

网络治理可以将多元治理主体纳入一个制度化的框架中展开协商，以网络化和伙伴关系调和层级制的强制性与约束性确保正式与非正式的协商共同发挥作用。以主体间信任为纽带展开联合治理实践，各治理主体共享公共治理权力，提高应对外部环境的反应能力，共同面对复杂的治理议题而不是互相掣肘，将科学共同体、公民、非政府组织、媒体等非政府行为主体纳入公共服务供给过程。网络化治理模式的优势在于专业性加强，提高速度和灵活性，可以使政府绕开那些延缓人事流动，当出现环境变化或者绩效滞后的情况时，网络允许比等级制度更为迅捷地减员和增员，而这种人员变化所付出的政治代价往往较少。[①] 网络治理倡导的是治理主体间的灵活性、自主性，赋予主体更多的权力，以信任和协商取代法律和命令。“网络治理的核心问题已经从关注纵向的利益代议转向社会治理过程中横向网络的角色。其最大的优势并非利益集团通过正式与非正式的接触影响中央政策制定者，而是通过在公共与私有行为者之间的政治互动来影响政策的制定”“聚焦政策议题与灵活可行的谈判回应。网络治理中各行为主体为共同议题而采取的行动有

① 李默涵. 网络化治理：一种新兴的政府治理模式［D］. 上海：东华大学，2011：40-56.

利于政府或政策制定者认清亟须解决的治理问题，聚焦政策议题。同时，网络的机制可以为参与者提供灵活的协商与谈判的框架。网络中各行为主体通过谈判与协商活动所达成的共识、形成的结论，直接为政策议题的解决提供了可行性方案。”[①] 网络治理可以确保各治理主体在政策网络之中展开协商谈判，其政策议程的达成至少是大多数治理主体认可的结果，践行集体共识上升为治理主体在治理实践中共同的责任，公共治理的政策执行力显著增强。

但是网络治理模式的治理结构因治理主体自主性较强的原因表现得较为松散，希望以政策网络的形式将利益诉求不同的治理主体联结在一起，但这很容易出现在治理困境时，因主体间约束性较差和权责不明确而导致问责过程无法准确实现。加之，复杂的治理议题和政策执行的阻力对于各治理主体的使命协调难度也相对较大，很容易导致主体间在治理实践中出现关系紧张的问题，影响主体间信任关系的维护。此外，网络治理缺乏明确的治理权威，各治理行动者缺乏明确的制度规范与行为指引，政策共识在治理实践中践行的方向与执行的力度无法得到有效的评估与监督，很容易出现执行上的方向性偏移与执行力度不足。对于网络治理来说，责任问题成为影响其应用的关键。“在治理网络下，责任不像在垂直的层级制下那样明确，每个行动者都对结果负责，反而导致责任的分配不明确。”“政府与企业、社会其他行动者分享权力等资源，容易造成政府被其他行动者俘获。政府的规制能力也会相应下降，一旦其他行动者违反公共利益，政府由于缺乏必要信息不能及时制止，便会造成对公共利益的损害。由于治理结构中责任模糊等原因，政府容易推卸责任，最终导致治理失灵。”[②] 网络治理缺乏层级制下的强制性与约束性，松散的治理结构下对于主体治理行为的有效约束性存在一定争议。由于治理主体掌握的权力和资源的不同，很容易出现权力分配不均衡的现象，各治理主体在政策议程中的话语权平衡也容易被打破。最后，网络治理需要警

① 陶丹萍．网络治理理论及其应用研究——一个公共管理新途径的阐释［D］．上海：上海交通大学，2008：31.

② 田凯，黄金．国外治理理论研究：进程与争鸣［J］．政治学研究，2015（6）：47-58.

惕短期利益对治理议题目标的最终达成所带来的负面影响。在网络治理模式下，各方之间以协商对话的形式展开对话，缺乏必要及时的强制性举措来应对突发的治理混乱和治理失灵。“网络治理也要规避短期利益至上带来的负面影响。在网络中，政府规制较传统的科层治理相对薄弱，容易使各行为主体为了追求自身的利益倾向于眼前的短期利益，而非长远利益。这种只追求短期利益的行为会使行为主体偏离网络治理的框架与行为规范，产生‘网络失灵’，有悖网络治理的初衷。”① 政府在网络治理中对权力的让渡幅度较大，其他主体在获得更多权力之后不能正确行使，缺乏强有力的外部监督，各治理主体因短期的政策目标偏离原有的政策框架，导致治理目标无法达成。

三、多层级治理模式

多层级治理模式是欧盟在长期治理实践中，针对成员国之间、成员国内部与所辖地方政府之间、不同成员国下属的地方政府之间所开展的治理实践活动发展起来的具有明显区域特色的治理模式。多层级治理模式重视欧盟区域内部的整体治理和成员国之间就政策协同、利益协同等展开的对话、协商与合作。随着区域性国际组织的不断增加，由多个国家构成的区域集团或者国际组织成为国际舞台的重要力量，在全球治理中发挥着重要作用。而由欧盟治理发展而来的针对不同国家和地方政府之间的多层级治理的重要性也随之增强。多层级治理本身就有助于不同行政主体间的治理策略以及对话机制的建立，有助于单一国家内部不同层级的政府就区域性科技治理议题展开对话合作，也有助于不同国家和地方政府之间就跨域性科技治理议题展开对话合作、信息交流和资源共享，对于科技治理全球化进程中跨国治理对话机制和治理议程开展的顺利践行提供了一条具有可行性的方案。

多层级治理模式与欧盟内部运行体制相契合，符合欧盟运转中区域共同体与主权国家在共同事务中权力的制衡与利益的博弈的特色。Crespy 等

① 陶丹萍．网络治理理论及其应用研究——一个公共管理新途径的阐释［D］．上海：上海交通大学，2008：33.

（2007）以法国科技事务处理为切入点，研究法国政府、科学界和社会各界通过协商互动和实践探索，在科技政策与管理领域建立起典型的多层级治理模式，研究中央政府与地方政府在科技政策议程发起、政策拟定、目标践行与执行监管反馈方面的协商与博弈行为。多层级治理模式的运作，立足于各地区科技发展水平差别，单一的中央政策体系无法掌控全局，因此寻求地方政府与中央政府之间就本地区科技发展实际展开政策博弈，寻求符合地方特色的科技发展政策规划。多层级治理模式重视政策规划的灵活多样而不是单一固定的，助推科技资源在不同政府层级之间的流动，允许地方政府在中央政府指导下有序开展科技谈判、协商与博弈。在保持中央政府政策制定、资源分配等方面权威的同时，赋予各级政府足够的政策活动空间。

多层级治理模式最早由盖伊·马克斯在分析欧盟的治理结构时提出，经诸多学者的完善，最终将其确定为以地域划分的不同层级上相互独立而又相互依存的诸多行为体之间所形成的通过持续协商、审议和执行等方式作出有约束力的决策过程，这些行为体中没有一个拥有专断的决策能力，它们之间也不存在固定的政治等级关系①。多层级治理模式关注治理范围的跨国界变迁导致的政策、制度、价值观等因素的冲突对治理实践带来的阻滞问题。由于治理范围的扩大、政策冲突与利益对抗的国家背景，多层级治理以政府为主导，以政府建立和支持的国际组织为中介，重视非政府组织的参与和协调。对于多层级治理来说，政策实践的开展必须以政策共识的达成和行为边界的明确为前提，借助非政府组织、政府组织、智库的作用，加快认知分歧的缩小和治理实践的开展是多层级治理顺利开展的关键。

马克斯认为，多层级治理中决策权由不同层面的行为体共同形成，而不是为国家政府所独占，政治领域是相互联系而非彼此隔离的②。对于多层级治理模式的参与主体，较之其他治理模式，政府是最主要的参与者，包括共

① 朱德米．网络状公共治理：合作与共治［J］．华中师范大学学报（人文社会科学版），2004（2）：5-13.

② 雷建锋．欧盟多层治理与政策［M］．北京：世界知识出版社，2011：36.

同体内部的成员以及下属的各地方政府均是多层级治理的主要参与者，政府组织、非政府组织、智库、咨询机构等在政策议程环节有助于矛盾分歧的弱化，做到求同存异，以治理实践的先期开展来扩大治理主体间的共同利益，借助政策网络来稳固治理主体之间的联系，强化治理主体间的信任程度。在多层级治理模式中，主体间开展的对话合作是以治理议题形式开展的，具有动态灵活的特征，各治理主体需要针对不同的政策领域和治理议题调整政策取向，加之主体间的非等级式的合作关系，更多的是依靠开放式的合作实现治理议题的有效推进。由于共同体在议题治理上对各主体缺乏足够的约束，并不能确保主体参与的层级、数量以及资源和信息的共享程度。

因此多层级治理模式需要将参与主体控制在与议题具有利益相关的政府层级，过多的政府层级参与会导致治理成本的上升和治理风险的增大，对政策效果带来诸多不可控因素进而影响治理绩效，不利于治理主体就相关政策议题达成共识。对于多层级治理而言，扩大主体参与的范围和采纳更多的主体层级参与到治理实践中，并不是为了多层级而选择尽可能多的政府或者其他主体，而是应根据实际议题治理实践的需要，选择合适的治理层级，展开针对性的治理实践活动才是多层级治理发挥有效性的关键。

第二节　科技治理的柔性模式

作为科技管理体制深化改革的关键，构建符合我国国情的科技治理的柔性模式，具有重要的理论意义与实际价值。科技治理的柔性模式是一种多主体参与的柔性治理架构，以责任文化和科学精神为价值取向，倡导科技治理主体进行平等互动与民主协商，以灵活多样的治理工具为载体，构建多层次政策学习机制，进而加快科技体制深化改革进程和提升治理绩效。

科技治理是当代最重要的议题之一，近年来，科学哲学家和科学社会学家对科技治理给予极大关注，提出治理就是秩序加意愿，任何新兴治理模式都必须拥有最低限度的而不是野心勃勃的目标。①② Braun 和 Kathrin（2010）指出，政策制定者不能单纯依靠知识展开治理实践，要考虑道德因素、主体诉求等多种因素，政府应对科技发展进行有效监督，重构科学、社会与政府之间的关系。③ Bevir（2006）认为，要通过主体间的对话互动，赋予其他治理主体更多的政策空间，完善治理主体，实现治理行为接纳度提升。④ Kuhlmann 和 Edler（2003）认为，随着国际性科技治理合作项目的增多，跨国界的科技治理更需要通过多主体参与、政府协调来实现，合理调节科技治理实践中的集权与分权行为。⑤ Katz 等（2009）就澳大利亚纳米技术治理等问题，提出要积极引入公民参与，重视社会理解，倡导科技治理方案应涵盖多元主体诉求。⑥

随着科技政策与管理进入“科技治理”时代，运用治理的理念、方法和策略来解决我国科技实践中存在的利益纠纷和矛盾冲突，克服科技管理体制深化改革的阻碍，协调科技活动中各方主体间的关系，减少认知分歧对科技政策执行造成的阻碍，这已成为我国当前科技体制改革深入进行的关键。科技治理柔性模式是一种多主体参与的柔性治理架构，以责任文化和科学精神为价值取向，倡导治理主体进行平等互动与民主协商，以灵活多样的治理工具为载体，通过政策学习机制的构建来推动科技管理体制的深化改革和科技

① Rosennau J N, Otto C E. Governance without Government: Order and Change in World Politics [M]. Cambridge: Cambridge University Press, 1992: 5.

② Nye J, Donahue J. Governance in a Globalizing World [M]. Washington DC: Brooking Institution Press, 2000: 37.

③ Braun K, Kropp K. Beyond Speaking Truth: Institutional Responses to Uncertainty in Scientific Governance [J]. Science, Technology & Human Values, 2010, 35 (6): 771-782.

④ Bevir M. Democratic Governance: Systems and Radical Perspective [J]. Public Administration Review, 2006, 66 (3): 426-436.

⑤ Kuhlmann S, Edler J. Scenarios of Technology and Innovation Policies in Europe: Investigating Future Governance [J]. Technological, 2003, 70 (7): 619-637.

⑥ Katz E, Solomon F, Mee W, et al. Evolving Scientific Research Governance in Australia: A Case Study of Engaging Interested Publics in Nanotechnology Research [J]. Public Understanding of Science, 2009, 18 (5): 531-545.

治理实践。在科技治理柔性模式下，通过制度创新与组织变革实现对主体间关系的约束和利益的再协调，确保主体间信息沟通和资源共享平台的维护与完善，聚合治理主体价值观以及对相关治理议题的认知分歧，通过治理主体对科技议题的认知同一性趋势寻求对话的切入点，构建制度化的协商对话平台，确保在科技治理中，有公开、开放、透明的对话平台，主体均可参与其中，进行广泛的交流互动协商，以制度规范的形式确保治理主体的政策建议得到有效的接纳反馈，以动态柔性的治理行动确保主体间利益的平衡和治理实践的有效开展，如图 2-3 所示。

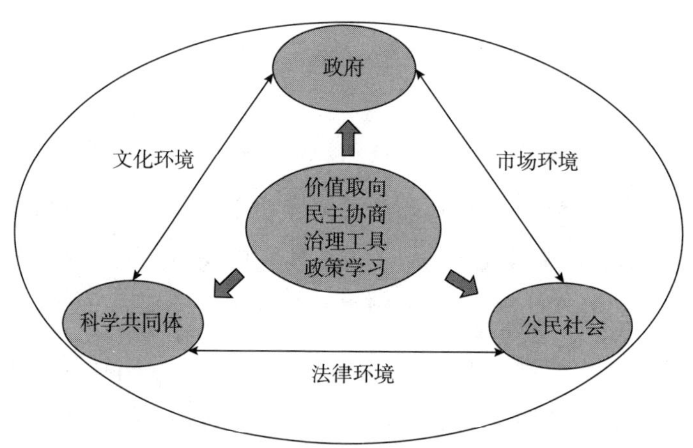

图 2-3　科技治理的柔性模式

一、价值取向：注重责任文化与科学精神建设

科技治理柔性模式的提出与建构是对科技风险的制度回应，倡导治理主体在科技创新与研发环节对社会文化价值层面的因素给予足够的重视，重塑和弘扬科学精神并注入新的因素。培育责任文化，弥补科技治理主体因治理议题所引发的文化价值层面的认知差异，通过非制度性因素的重视促进科技治理体系的完善。

首先，倡导责任文化，践守负责任创新。随着科技、政治与经济联系的愈发紧密，大规模的科技研发活动对资金、设备和人才的进一步需求导致科学共同体独立性的丧失，科学共同体的研究方向及成果应用受政府、企业等主体的影响增强，科学共同体已无法以独立的身份开展科研活动。责任文化的兴起，与“后学院科学”时代科技研发的变化有关。保罗・福曼（Paul Forman）（2006）指出，“在所有后现代西方民主社会，责任都被赋予了核心的地位和高于一切的重要性。我们必定会预期，这些具有约束力的价值观将在科学家看待他们自身以及他们的知识生产活动的态度中有所反映”[①]。责任文化在科技研发领域体现为负责任创新，对科学共同体的研发实践活动在价值观层面给予其非制度性约束，确保科学共同体在科技治理实践中指导理念、运行方向和社会文化价值体系的契合性。负责任创新的核心关注点是在技术创新及应用不确定性背景下，提前在技术创新环节介入并增强责任因素。通过吸纳科学素养较高的公众参与到科技议题，可以黏合科学与公众之间的鸿沟，借助地方性知识和文化价值观念的作用，使科学技术的发展与公众诉求及其价值观更匹配。[②] 对负责任创新的践守，通过价值观层面的倡导，贯穿整个科技治理的政策议程，融汇在治理议题的技术预测、议程发起、政策执行、监督反馈等环节，以负责任创新应对科技风险与增强主体间信任。技术预测强化对前沿科学与社会发展的分析，确保议程发起者、执行者与监督者可以准确地把握技术发展趋势，提高应对科技风险的能力，增强主体间的凝聚力。

其次，将科学精神融入科技治理实践。科学精神是人类在长期科研实践中形成的重要精神，反映出人类在价值观层面的追求与自我行为的约束性规范，是人类科学文化的核心。作为科学家在科研实践活动中行为规范和外部约束的总结和深化，科学精神指导科学家群体正确开展科研实践，内化为科

① 保罗・福曼．近期科学：晚现代与后现代［J］．科学文化评论，2006，3（4）：17-48.

② Guston D H. Building the Capacity for Public Engagement with Science in the United States［J］. Public Understanding of Science，2014，23（1）：53-59.

学家群体自我价值观，成为科学家群体的公共价值追求与信仰。倡导科学精神，是以非制度性的约束来协调主体间关系，使科学共同体的角色定位于诚实的代理人，做到责任的到位而不是缺位或者僭越。在制度层面重视道德因素，是对科学共同体价值中立地位和独立性缺失的回应，确保科学共同体在科技信息的发布与共享、技术研发应用的透明度建设、科研人员责任规范与道德观建设等环节上予以足够的重视。在保证科学共同体相对独立的前提下，与其他治理主体就科技治理相关议题建立起共同的期望与原则。对于复杂的问题，要保持专家自身的价值中立性，专家的责任在于提供多样的政策选择来取代确定性的政策建议，提高不同主体对政策措施的接纳度。[①] 确保各方在共同认可的行为准则下行事，减少标准不一致导致的争议。以主动、开放、包容的态度欢迎其他治理主体对科研活动进行监督，重视治理主体间的对话合作，在科技研发的各个环节加强对安全、伦理和社会因素的关注，避免单纯技术研发导致的主体间的对立。

二、主体关系：多主体互动与民主协商

哈贝马斯（2003）认为：行政主体之间的合作，事先保障信息畅通，在共同的能量场中彼此监督和妥协谈判，最大程度地尊重主体独立和多元参与，达到多种行政主体公共意志的契合，在达成共识与交流合作的情境下解决一切困难。[②] 构建多元互动与民主协商的主体关系，本质上是多个治理主体在科技治理实践中各自调整角色定位，改变单一的决策形式，通过建立一种崭新的政策空间，形成一种持续的主动性，产生更多主体间关于科技治理一体化的新对话[③]，从而融入不同的政策情境，通过科技议题治理实践进程的推

① Pita S, Eleftheria V, et al. Roles of Scientists as Policy Advisers on Complex Issues—A Literature Review [J]. Environmental Science & Policy, 2014, 40: 16-25.

② 哈贝马斯. 在事实与规范之间：关于法律和民主法治国的商谈理论［M］. 童世骏，译. 北京：生活·读书·新知三联书店，2003：377-378.

③ Musiani F. Practice, Plurality, Performativity, and Plumbing: Internet Governance Research Meets Science and Technology Studies [J]. Science Technology & Human Values, 2015, 40 (2): 272-286.

进实现自身的利益诉求。

首先，加强政府科技治理能力建设。科技治理体系作为现代国家治理体系的重要组成部分，同样要求政府逐步退出具体的科技治理执行，减少过多的行政干预对科学共同体和公民社会主体权益造成的损害。这并不意味着改变政府在科技政策与管理领域长期形成的主导地位，在科技治理资源分配、科技治理议程发起与权责划分、科技治理政策拟定与主体间关系调适中，政府依旧处于核心地位，但在行政管理权力改革和事务性管理事项上要扩大对其他治理主体的放权程度。科技治理柔性模式的顺利建构，依旧需要通过政府主导的理性规范的权力网络建设来实现。政府要完善中间层政治与辅助性制度，提升自身的治理能力，以职能转变和扩大授权带动主体间合作，扩大事务性授权，共享行政管理职权，明确自身责任，以治理工具为纽带，实现治理体系的建构与完善。

其次，完善科学共同体负责任创新与咨询对话制度。科学共同体作为科学技术的拥有者、科研活动的执行者与科技风险的评估者，是科技治理议程的执行者，其职责履行与科技治理绩效息息相关。在"后学院科学"时代，科技风险具有无法预知性，科学共同体难以保持技术中立的立场去提供客观可靠的知识，各治理主体已经不能单纯依靠技术专家的建议展开治理实践①。而且随着科技活动对资金、人员、政策的要求提高，对国家、市场的依赖程度提高，导致科学共同体自身的独立性受到质疑。在风险社会中，有效应对以政府和公民社会为代表的其他治理主体对科技研发活动的关注，确保在资金、政策、人才等要素依赖增强的形势下维护自身的科研独立性，提高对科技治理议程的控制力和执行力，在多元主体合作中维护自身的话语空间与合法性地位。科学共同体要以专业知识的分享为立足点，依托专业性学术协会展开科学传播与科学普及，创新传播形式，丰富科普内容，提升我国公民的科学素质，重塑与其他治理主体的信任关系；不断增强自身的话语权，通过

① Braun K，Kropp C. Beyond Speaking Truth：Institutional Responses to Uncertainty in Scientific Governance［J］. Science，Technology & Human Values，2010，35（6）：771-782.

制度化的咨询机制密切与其他治理主体的对话，以共同目标和集体选择为切入点扩大主体间的信任基础；借助国家科技报告制度与科技创新规划制定的契机，完善科技咨询体系，提升科学共同体的话语权。在治理实践中，科学共同体要做到不越位、不失位、不缺位、不错位，合理承担自身职责，践行正确的价值观和行为规范，坚持负责任创新与制度性咨询机制，强化与其他治理主体间的交流互动，弥补认知分歧，弱化矛盾冲突，减少科技治理阻滞。

最后，推进公民社会发展，实现有效参与。"后学院科学"时代，科技议题实践中不确定性和决策风险增强，政策争端增多并对政策执行产生一定阻碍，营造开放、透明、公正的参与环境就显得尤为重要。公民社会作为第三方主体，依托法律法规与政策机制，参与议题发起与确定、政策起草与拟定、政策执行与监督等环节，通过表达政策诉求与强化主体互动来提升话语权，尤其是新闻媒体和专业性的非政府组织，借助自身对信息的把握和对治理议题的准确理解，深度参与科技治理进程。正如 Irwin（2006）指出的，科技治理面向以纳米技术、生物技术、核能技术等为代表的前沿技术研发领域，倡导政策实践早期就引入公众参与，在参与渠道和程序方面进一步向公众开放，通过多元治理主体以协商对话和政策博弈的形式对复杂治理议题展开交流，确保公众及时知晓并参与政策研发设计流程。① 公众要通过制度供给的完善实现参与的通畅性，以议题认知和科学素养的提升确保参与科技治理的质量，通过及时的政策反馈与政策建议克服专家治理困境；媒体主要通过外部监督与评价机制，通过对公众和其他治理主体意见的把握，提高群体的话语权与影响力；非政府组织则通过专业性的公开论坛，促进各主体之间的学习、交流，以外部参与和监督的形式推进各主体的互动合作，实现主体间的信息共享。

① Irwin A. The Politics of Talk：Coming to Terms with the "New" Scientific Governance［J］. Social Studies of Science，2006，36（2）：199-320.

三、治理载体：灵活多样的科技治理工具

治理工具是实现政策共识与治理目标的手段与方法，由各治理主体依治理形势采纳使用，并不仅限于政府所使用的政策工具，是当前实现科技治理预期目标与提升治理绩效的关键所在，也是调适各治理主体政策诉求与利益的重要手段。科技治理工具覆盖面很广，既有国家科技规划、行政法规、财政资金与基础设施等为代表的政府性工具，也有价值敏感性设计、社会技术愿景、建构性因素评估、监管式自治、技术利基等科学共同体为主导的治理工具，还有公民社会通过非正式或经政府授权或赋权的治理工具。科技治理柔性模式的关键是政府对三方治理主体在治理实践中权责关系的划分，促成集体选择共同目标，明确彼此的行为边界。治理目标的达成很大程度上取决于治理工具选择的恰当程度，是否有助于推动科技议题实践的顺利开展。这种选择并不是单纯的工具确定，而是紧随外部形势变化能够做出及时反馈的动态机制。一个或者一组治理工具的选取和使用，往往代表着治理主体政策诉求的变迁和行动机制的变革。

首先，提升程序性科技治理工具比重。程序性治理工具应用比重的不断提升，反映出政府在科技议题治理实践中由全盘掌控者向资源、服务提供者的角色转变。政府在整个科技治理体系中依旧处于核心地位，是由其在政策法规拟定、科技资源的掌控和分配地位所决定的，但在具体的科技事项中，政府的影响力已大大削弱。在议程明确的科技议题处理环节，政府正逐步退出具体的执行环节，将自身的行政职权和事务性职权外包给科学共同体和公民社会，以程序性治理工具的拟定和行使来发挥影响力和话语权。程序性科技治理工具以制度为关注点，将治理主体的集体选择与利益诉求化为明确的规章制度和政策体系，以此来约束、引导、协调治理主体参与科技议题治理实践，确保治理主体行为的规范性、目标的正确性与执行的有效性。例如，北京中关村在程序性治理工具的建构上充分利用上级部门的政策优势，出台专项扶持政策，充分发挥财政资金的杠杆作用，引导金融机构开展科技金融产品创新；围绕科技信用体系建设，构建出信用激励机制、风险补偿机制、投保贷联动机制、银政企合作机制等重点机制。①

其次，改革科技治理工具使用途径。科技治理需要对治理工具本身的发展趋势和实践困境有准确的把握，既要从公共治理领域汲取通用的、基本的政策工具，也要结合科技政策与管理的实际创制和采纳新的治理工具。在选择与构建科技治理体系过程中，切实完善治理工具的评估体系建设，减少因治理工具选择和使用不当导致的治理成本提升。在治理工具的选择与使用上，应充分考虑治理议题的性质、政策网络、主体诉求，重视科学共同体和专业性的非政府组织的诉求，尊重科技研发应用的特殊性。通过治理工具的混搭实现治理机制的动态调适，提升治理主体对复杂情势的反应效率。重视程序性治理工具的使用，探索将不同谱系的治理工具共同服务于同一治理议题，以此来应对治理主体不同的利益诉求；将一系列秉承不同价值观的治理工具在治理实践中有机地嵌套在一起，通过在操作层面、战术层面、战略层面等多层级治理工具的交叉互动来共同完成治理目标。例如，2014 年 1 月由中国人民银行、科技部等六部门联合发布的《关于大力推进体制机制创新扎实做好科技创新金融服务工作的意见》明确指出，鼓励银行业金融机构在高新区、产业化基地等科技资源集聚地区通过新设或改造部分分（支）行作为从事中小科技企业金融服务的专业分（支）行，优先受理和审核银行新设或改造部分分（支）行从事科技金融机构的有关申请。②

最后，增强非正式科技治理工具的作用。非正式治理工具是由传统的强制、刚性治理工具逐步转变为志愿的、柔性的治理工具。非正式治理工具在科技治理实践中使用频率不断提升，扮演的角色较以往也日渐重要，这和当前公众的民主参与意识和科学文化素养的提升关系密切，社会公众开始愈发地关注并且有能力参与到更多的社会事务中来，即使在前沿科技成果的研发

---

① 张同功．新常态下我国科技金融支持体系研究——理论、政策、实证［M］．北京：科学出版社，2016：34-38.

② 国务院参事室科技资源优化配置课题组．科技资源优化配置与中国发展［M］．杭州：浙江教育出版社，2015：209.

应用中，也可以借助专业性的社会团体表达自身的诉求和获得最新的研发实践信息。相比于传统的强制性治理工具，其权威性和约束性较差，无法对其他社会主体在科技治理实践中的行为起到足够的约束和引导，寄希望于以主体间政策共识和共同利益来引导主体接纳和参与到科技治理实践中，以治理主体群体的扩张来增强集体共识的社会接纳度。非正式科技治理工具是一种诱导性科技治理行为，在经济因素的吸引之外，个人价值的实现以及对社会问题的关注也成为参与其中的重要影响因素。非正式科技治理工具更多的是为多元主体参与科技治理实践中构建主体间利益协调的缓冲带，以相对平和的方式确保双方实现商谈而不是对抗，以博弈取代行政命令，以共同参与取代一元垄断，以权力分享取代权力独享。非正式科技治理工具重视参与主体的主动参与和志愿参与，减少强制性因素对治理主体及其成员带来的反抗、消极抵抗等不合作行为。

四、政策学习：以政策为导向的多层次学习机制

在科技治理的柔性模式中，通过以政策为导向的学习，实现多个行动者之间共享科技治理资源，注重治理政策的特殊性，重视政策学习与主体博弈，主张在竞争之下进行谈判协商①，彼此的分歧与冲突应在可调控范围内展开协商对话而不是直接的对抗，构建政策学习机制以推动治理主体及其成员确定共同认可的游戏规则和政策目标，重视外部环境的作用，并通过灵活多样的治理工具将其落实。

首先，建立有效的履约与合作机制。履约与合作机制，关注的是对集体选择、政策共识的制度化建构，以相对明确的法权关系将多元科技治理主体在协商互动中达成的政策诉求和共同利益明确下来，并将其在政策议程中内化为可执行的治理目标。履约与合作机制以法规条规、制度规范等形式要求治理主体在政策议程环节和具体的科技治理实践过程中，履行各方达成的共

① Crespy C，Heraud J A，Perry B. Multi-level Governance，Regions and Science in France：Between Competition and Equality［J］. Regional Studies，2007，41（8）：1069-1084.

识而不是轻易地违背，确保治理行为的稳定性与方向的正确性。在治理议题的议程发起与拟定环节，要强化对主体间履约与合作的政策引导，为其他治理主体践行集体选择与政策目标提供足够的自主性空间，逐步建立社会信任机制和信息共享机制，为治理主体的履约与合作提供技术性支撑，确保治理主体可以获取准确全面的技术研发、应用、传播层面的信息，减少因信息获取的残缺所导致的矛盾甚至毁约行为。履约与合作机制的构建与运行，需要政府牵头，各层次主体的共同参与外部法律环境的建设，通过政府主导的科技规划、科技法规和科技政策等来建构公开透明的合作平台，依托合作平台寻求共同的政策决策并展开合作实践，确保集体选择的履行和治理目标的实现，通过合作互补与治理资源的共享，克服科技治理困境，实现主体间的共赢。理想的科技治理实践是以主体间合作为切入点，政府依旧是权威，但科学素养较高的公民是科技治理隐形制度建设的关键，公众参与科技治理议题相关对话对于完善治理结构有重要影响，并随着时间推移在不断地扩大①。

其次，建立交互式认知与协调机制。主体认知是主体在参与科技治理实践、表达政策诉求、回应其他主体的治理意愿、关注治理议题实践中对客观存在的主观知觉、判断和体验，是科技治理主体及其成员建立自身治理观的基础和前提。主体认知建构的基础是个体成员的价值观倾向与认知判断，并受到地方性知识、社会价值因素、文化传统等因素的影响。认知与协调机制分为对外部治理形势与内部成员利益诉求两个方面。科技治理议程的顺利进行需要主体间的互动合作，需要各主体在利益均衡基础上，以政策共识和主体信任为纽带展开的合作互助。文化环境建设有助于提高主体间的信任度，对各主体的角色定位的正确宣传与维护也有助于减少主体间的隔阂带来的执行阻碍。主体信任的维护，很大程度上要规避由于政策科学家和政府机构通过参与人数较少、参与层次较低的公众的参与来拟定公众对公共领域相关科

① Bickerstaff K, Lorenzoni I, Jones M, et al. Locating Scientific Citizenship: The Institutional Contexts and Cultures of Public Engagement [J]. Science Technology & Human Values, 2010, 35 (4): 474-500.

技问题的看法，导致科技治理中所采纳的公众意见是被‘塑造’出来的，无法真正反映各主体的意见①。对于复杂的外部环境，要实现有效的治理，各主体就必须及时调整自身策略，固守原有诉求并不符合每个治理主体的利益。认知与协调机制的建立，需要各主体遵循共同的认知规范与原则，在对话基础上达成共识，确保各主体在认知层面可以保持一致性，或者至少保证主体间对话的可能。

最后，构建有效的传播与反馈机制。传播本质上是为满足治理主体在治理实践中对公共信息的需求，尤其是公民社会各组成部分对政策活动空间的需求。传播与反馈机制重视治理主体对治理议题的关注，以治理工具为载体，新媒体为媒介，以信息共享、传播、反馈为目的，降低治理主体间的认知分歧，提高治理政策的社会接纳度。传播与反馈机制关注的是治理信息在治理主体间流动的通畅性和可理解性，确保各治理主体的意愿、政策诉求、议题认知、技术信息传递、共享的便捷和有效。传播机制的建立离不开其他主体科学素养的不断提升，借助传播机制将相关技术研发信息、安全评估标准、监管协议准则准确全面地向社会公众开放共享，确保其他主体可以对相关信息做出评估，降低错误报道造成的认知分歧。因此，有效的传播与反馈机制需要以信息共享和诉求反馈为关注点，打破政府和科学共同体对政策过程的垄断，在政策实践的早期环节就引入外部参与和监督，确保政策内容的公开透明，提高社会民众对相关政策决议的接纳度。以技术手段为媒介，重视提高社会主体对科技信息获取、使用、分享的便捷度与全面性。要充分利用互联网、移动终端、社交软件等现代高科技手段，推动各治理主体及成员之间实现有效沟通和互动，强化社会监督，切实促进科技治理实践进程。最终，要以信任为纽带，减少不必要的沟通成本，提高对动态发展的治理情境的反应速度，确保三方治理主体可以依据外部形势变化与内部成员利益诉求，尽快完成利益关系的调整和治理行为的改变，确保治理方向与治理需求相契合。

---

① Nowotny H. Engaging with the Political Imaginaries of Science: Near Misses and Future Targets [J]. Public Understanding of Science, 2014, 23 (1): 16-20.

第三章　政府科技治理能力建设

在我国科技治理体系中，政府负责科技政策制定与资源分配，统筹科技治理工具的创新使用、科技治理议程的发起与执行、科技治理实践环节的权责分配、科技治理主体间法权关系明确，是科技治理议题的发起者、执行者与监督者。但是对于我国来说，政府在科技治理能力建设中要明白，有权力且地位稳定的公务员在官僚体制中主要扮演着强有力的政策角色，虽然市场模式可以增强公务员的权力，但权力的重新分配偏重于管理者的角色，而非政策制定者的角色。政府在治理中必须注重对旧体制的有效回应，必须了解那些新的治理模式所花费的成本是多少及在采取了新的治理方法后传统的行政体制中哪些有利因素会丧失，寻求新的治理模式与传统行政体制两者之间有效的互补①。而且，政府核心地位的确立与维护与我国经济社会发展程度相关，三方主体在制度建构和行为边界划分上并不明确，难以做到像西方社会政府、科学共同体与社会公众之间通过有效互动来克服治理困境，仍以政府为主导，逐步向科学共同体、社会公众开放参与科技事务的领域和范围，实现有序引导、合理参与、有效互动。

在科技治理实践中，政府要通过以下几点发挥自身的作用：①提升科技治理能力，完善中间层政治，优化辅助性制度；重视非正式因素，强化价值观培

① 陆道平．当代政府治理：模式与过程［J］．西北大学学报（哲学社会科学版），2006（6）：124-126.

育；提升科技治理能力，解决科技治理困境与难题。②以职能转变和扩大授权带动治理主体间合作，扩大事务性授权，共享行政管理职权；明确政府科技责任，引导主体合作；加强体制机制改革，推进政府职能转变进程。③积极参与国际科技治理议程，以科技治理工具为纽带，参与构建全球科技治理网络；积极参与全球科技议题治理实践，谋求治理话语权与维护本国利益。

第一节　以制度创新提升政府科技治理能力

在科技治理实践中，政府居于核心地位，行使资源分配和政策拟定等职能。为达成治理目标，在直接行政干预不断减少的背景下，政府通过完善中间层政治与辅助性制度来提升科技治理绩效和科技政策执行力。与科学共同体和社会公众之间强化交流互动，建立双向合作的伙伴关系。在科技治理议程发起、拟定及后期执行和监督反馈等环节，政府不能以命令的方式要求其他主体对自身做出回应，而只能通过资源交换和基于共同目标的谈判来实现。通过多元化的协调机制克服强制性命令造成的权力安排与信息结构的背离[①]。重视非制度性因素在科技治理实践中的作用，关注社会价值观、文化习俗与地方性知识对治理绩效的影响，通过非制度性因素调和治理主体间的政策认知和利益诉求。

科技治理能力是政府在科技治理实践中运用治理工具，协调治理主体之间的利益分歧，通过政策共识的达成与普遍规范的遵守，借助对话、沟通、协商、合作等方式实现治理主体间的互动，解决科技治理困境的能力。对政府来说，确保“多元主体在公正平等的平台上运用对话、谈判、协商的机制，通过沟通、交流的渠道，达到交换信息、疏通障碍、化解矛盾、促进社

① 胡家勇．政府职能转变与政府治理转型［M］．广州：广东经济出版社，2015：62-63.

会秩序良性运行”①。政府要不断增强自身运用合适的治理工具和技术策略去引导、控制、规范、协调和平衡各方社会主体的社会生活过程的能力。科技治理能力就是政府自身运用治理工具的能力、协调主体间关系的能力，代表着政府对科技治理实践的一种执行力和掌控力。科技治理绩效的提升不是通过强制手段实现的，而是需要通过各主要治理主体对政府治理理念、目标、能力的认同，提升对政府治理策略的认可度、接纳度和执行度，避免政府在科技治理实践中因目标受众阻滞所造成的治理困境。

一、完善中间层政治，优化辅助性制度

政府逐步减少对事务性项目的直接干预，转而关注制度设计，构建政府、科学共同体、社会公众三方参与机制及相关辅助性制度。政府通过建构完善规章制度确保治理主体遵守集体选择，确保治理主体之间沟通协调与监督反馈机制运转顺畅。通过法规拟定、规章条例发布、制度建构等形式，政府为科技治理体系建构新的辅助性制度。完善中间层政治，是为解决科技治理主体在议题治理环节的认知分歧与利益冲突，通过制度化平台建设为多方互动协商提供稳定的渠道。辅助性制度借助治理工具的创制与融媒体的发展，扩大科技治理主体参与治理实践的政策空间，实质是对科技治理机制的创新完善，确保政府、科学共同体、社会公众在权责明确、沟通顺畅、联系紧密的权力网络下开展科技治理实践。

完善中间层政治包含两方面内容：一是参与主体从政府扩展到所有的科技治理主体，鉴于治理主体诉求的差异性，在科技治理实践中，政府应根据科技治理进程引入不同治理主体参与其中，确保科技治理议程的公开性，丰富中间层政治的参与层级，避免政府单一化参与导致的主体间信任缺失和执行力下降。二是政府在职权行使、资源分配、管理体系上进行制度创新。政府通过重新整合内部职能，调整自身参与社会运作的方式，革新政策法规与

① 周根才．走向软治理：基层政府治理能力建构的路向［J］．青海社会科学，2014（5）:35-40，47.

管理理念，借鉴国外在科技治理实践中取得的优秀做法，通过移植、再创新的形式融合到我国科技治理实践中。通过制度建设规避“搭便车”行为，倡导治理行动参与主体的多元化，将治理主体及其成员的社会关系、社会网络与社会规范纳入中间层政治体系中。在提升科技治理能力，推动科技创新资源的优化配置，优化辅助性制度方面，深圳市以科技金融创新服务为切入点，“在我国范围内首次设立科技创新委员会，加挂深圳市高新区管委会牌子，下设深圳市科技金融服务中心，主要负责市政府投入高新区的相关国有资产的管理和服务，并为科技金融企业搭建合作平台。服务中心内设‘科技金融联盟’‘创业投资服务广场’等多个平台。截至 2015 年 12 月，‘科技金融联盟’已有成员近 200 家，分别来自银行、交易所、担保、保险、证券、创投、小贷和高科技企业”①。

辅助性制度的优化依赖于信息技术的发展，表现为科技中介与咨询服务在科技治理议程中地位提高，治理方法的多样化扩展了科技治理主体参与治理实践的渠道。信息技术的发展为政府中间层政治体系建设提供技术支持，以技术设备更新为载体，为各科技治理主体间建立便捷通畅的信息交流共享平台。政府借助科技中介和科技咨询的发展实现权力下放，依靠专业评估、技术预测和科技咨询，有针对性地调整科技政策扶持领域与资源分配比重，加速创新要素在科技治理主体间流动，实现科技资源的有效整合。多元科技治理主体在资源配置中话语权增强，重点扶持领域与资源分配比例不应由政府单方面决定，而应强调专业性团体的参与和社会公众的认可。借助数据信息流动与创新资源共享，加快科技治理资源共享与服务协同，营造健康的政策环境，降低科技治理风险，提升科技治理绩效。

在科技治理实践中，政府变革一元主导型的管理模式，重视权力运作体系的开放共享与互动合作，借助以共识会议、混合论坛为代表的民主协商渠道，确保科技治理主体间互动交流的制度化、公开化与便捷化，避免暗箱操

① 张同功．新常态下我国科技金融支持体系研究——理论、政策、实证［M］．北京：科学出版社，2016：34-38.

作对科技治理进程带来的伤害，将多元治理主体的利益诉求置于公开性较高的政策场域进行审议，矛盾的调和与分歧的弥补应得到治理主体的认同，尤其是社会公众的诉求更应得到其他治理主体的重视，倡导科技政策的制定应在多元主体认同的基础上作出决定。

为加快推进科技治理体系和治理能力现代化进程，我国政府充分发挥自身在科技政策制定和科技资源配置上的优势，通过制定实施《深化科技体制改革实施方案》，围绕决策咨询、国家科技管理平台、创新政策协调审查机制等辅助性管理制度，强化关于科技治理机制和科技治理理念方面的制度创新。深化科技治理体制改革是提升科技资源配置使用效率的重要途径。要加快政府职能转变，加强科技、经济、社会等方面政策的统筹协调和有效衔接，改革中央财政科技计划管理制度，建立创新驱动导向的政绩考核机制。该方案要求完善政府统筹协调和决策咨询机制，提高科技决策的科学化水平。建立部门科技创新沟通协调机制，加强创新规划制定、任务安排、项目实施等的统筹协调，优化科技资源配置；建立国家科技创新决策咨询机制，发挥好科技界和智库对创新决策的支撑作用，成立国家科技创新咨询委员会，定期向党中央、国务院报告国际科技创新动向；建立创新政策协调审查机制，启动政策清理工作，废止有违创新规律、阻碍创新发展的政策条款，对新制定政策是否制约创新进行审查；构建统一的国家科技管理平台，建立国家科技计划（专项、基金等）管理部际联席会议制度，组建战略咨询与综合评审委员会，制定议事规则，完善运行机制，加强重大事项的统筹协调。建立专业机构管理项目机制，制定专业机构改建方案和管理制度，逐步推进专业机构的市场化和社会化；建立统一的国家科技计划管理信息系统和中央财政科研项目数据库，对科技计划实行全流程痕迹管理。全面实行国家科技报告制度，建立科技报告共享服务机制，将科技报告呈交和共享情况作为对项目承担单位后续支持的依据①。通过对科技体制改革方案的深入实施，对构建我国现

① 彭森．中国改革年鉴 2016［M］．北京：中国经济体制改革杂志社，2016：767-768.

代科技治理体系有了明确的路线图，确保各治理主体围绕科技治理议题，齐心合力开展科技治理实践。

二、培育政府成员价值观，增强权责意识

价值观是集体成员针对某一事物共同的价值判断和价值选择，是集体选择在精神层面的体现。在科技治理实践中，对价值观的重视和强调本身就是对集体选择的重视。通过对政府成员价值观的塑造和其他治理主体价值观的引导，凝聚共识，弱化分歧，进而有效推进科技治理实践进程。国务院在《“十三五”国家科技创新规划》中，对政府人员的科学素养、价值观念的重要性进一步予以明确，要求将科学精神的宣讲作为政府人员日常培训的重要内容，提升政府官员的科技管理能力和科学素养。并进一步指出，要提高领导干部科学决策和管理水平。丰富学习渠道和载体，提高领导干部和公务员的科技意识、科学决策能力、科学治理水平和科学生活素质。广泛开展针对领导干部和公务员的院士专家科技讲座、科普报告等各类科普活动[①]。

价值观的培育应由政府主导，其侧重点因培育对象的不同而有所区别。政府成员价值观的培育，应重在提升其对科技风险的认知，强化并推动政府工作人员与其他治理主体的互动交流，“树立新型公共行政价值观，并将其内化为公务员的行为规范，使之成为公务员的心理与行为秩序，并加强公共部门领导人就核心价值观和共同关心的政策问题进行社交活动”[②]，避免因维护部门利益对集体选择和治理体系造成的损害。通过价值观建设，可以提高履行客观责任的内在驱动力，可以弥补制度和客观责任的不足，并做出正面示范。可以超越并突破责任的局限性，而在制度和法律不健全时，公务人员的个人价值信仰及人格力量更可以起到弥补作用，使得原本应该由制度承担的责任落到某一或某些具体的公务人员身上，因而避免了制度和法律之不健

---

① 中华人民共和国国务院．“十三五”国家科技创新规划［M］．北京：人民出版社，2016：137.

② 刘兰华．公共部门组织文化研究：现状、传播机制的实证分析与变革路径［M］．北京：中国社会科学出版社，2014：186.

全造成的责任真空①。科学共同体及其成员的价值观重塑，意在以政策制定者和资源分配者的角色对科学共同体及其成员传达政府及社会公众对其在科技研发应用环节的期望，提高科学共同体在技术研发环节对社会价值因素的考量，关注技术研发应用所带来的科技风险，坚持负责任创新。对社会公众价值观的重塑，则是为了有效传达对待科技治理议题的正确态度，杜绝公众价值观层面的认知偏差对科技治理实践造成的障碍，推动社会公众积极参与科技议题治理，准确表达利益诉求和政策建议，增强其他主体对社会公众参与科技治理实践的认可度与信任度。

随着新技术及其应用成为社会经济的关键增长点，科技管理已成为国家行政管理工作的重要部分。政府在技术研发、应用、推广环节投入大量的资源，并给予诸多优惠政策，必然要对新技术研发应用加强管理，政府职能部门成员、科研机构负责人及企业领导主导着新技术应用进程。在“后学院科学”时代，科研成果的取得和技术创新的实现都需要大量资源的不断投入，单个科学家的单打独斗已经不再是科学研究的主流，科学家的独立性和科研自主权在寻求政策扶植和资源投入的过程中已经丧失很多，科学家在获得外部资源投入和政策倾斜之后，很难开展中立的科学评估与批判，对科学家原有的道德约束和科学规范已经越发脆弱。为此，需要加强对政府成员的培训，提升其科学素养，形成对新兴技术成果的准确认知；注重责任意识的培育，提高政府成员决策制定的责任感和使命感，提高对社会公众关于热点科技议题政策建议的准确把握与及时沟通。强调责任意识，推动政府成员提高对自身行为负责的主观责任意识，符合社会和组织利益对个人的要求，有助于实现社会和组织的整体利益，可以增强个体的社会责任认同度和对自身的控制程度②。通过对价值因素、地方性知识等非正式因素的重视，维护政府在科

---

① 王云萍．公共行政人员的个人价值观及其重要性探讨［J］．中共浙江省委党校学报，2005（1）：67-72.

② 涂春元．治理理论视角下“责任·责任意识·责任理念”辨析［J］．行政论坛，2006（6）：8-10.

技治理实践中的权威。

针对多元治理主体开展价值观培育，通过软约束机制建设促进主体间交流互动，通过有组织的理念宣传、行为准则制定、道德规范教育和科技风险的认知教育，确保科技治理主体及其成员能够树立正确的价值观念，减少因个体利益或认知偏差对集体治理实践的阻碍。在价值观培育中，教育是核心，提升科技治理主体及其成员的科学文化素养是基础，增强社会公众对科技政策的正确认知离不开相关教育培训。科技治理主体要通过不同形式、不同层级的培训、宣传、教育活动，实现内部成员知识结构的更新和科学素养的提升，确保其在科技治理实践中降低因理解偏差导致治理困境出现的概率。

政府在科技治理体系建设中，无论是对中间层政治和辅助性制度的构建，还是对价值观的重视和非正式因素的关注，都是为了提升政府的科技治理能力，调和治理主体间的关系，解决在科技治理实践中遇到的困境。政府在治理进程中的地位与角色决定他必须不断提升自身对治理实践的掌控力，逐步完善规范性权力网络建设，以明确的法权关系和行为规范约束、指引各科技治理主体及其成员在科技治理体系中的行为规范，提高科技治理资源使用的有效性，减少对科技治理事务的直接干预，通过主体间的协调实现共有目标的达成。

第二节　深化主体间合作，实现有序参与

克服单一主体主导治理议题所带来的治理弊端，必然要求政府加快职能转变进程，以扩大授权的方式推动治理主体间的合作。政府只需在关键性的科技政策拟定、科技资源配置和治理目标确定方面保持核心权力，确保政策议程进展方向的正确和科技治理绩效的提升。在具体的科技治理议题上，政府应加大行政管理职权共享，与科技研发的具体事务性权力在保证有效监管的基础上以完全放权和开放合作的形式同科学共同体及社会公众展开合作。

加快科技政策与管理体制改革进程，以现代国家治理体系建设为契机，加快科技资源配置和科技服务体系建设，明确并强化政府在科技发展中的责任，引入第三方力量参与政府职能转变的制度设计环节，通过多元伙伴关系的构建提高政府服务质量。要明确我国科技议题治理实践中所遇到的困难和阻力，坚持以主体间合作克服治理困境，以科技治理体制机制改革为契机，坚定不移地推进科技治理体系建设进程。

一、扩大事务性授权，共享行政管理职权

三方共治是科技治理体系运转的关键，其实现基础则是权力核心—政府对事务性权限的放开与行政管理职权的共享，确保在科技事务的决策与执行上实现权力运作的规范透明，以政府、科学共同体、社会公众权力边界的明确和法权关系的确立助推我国科技治理体系和治理能力建设。在“后学院科学”时代，科技研发的精细化与知识更新的速度加快，使政府及其行政人员难以准确把握科学技术及其应用的具体内涵。过度插手科技研发应用环节，并不能提升科技治理绩效，反而不如通过宏观层面拟定战略规划与中观层面参与制定管理制度来参与科技治理实践进程。同时可以扩大综合性科技治理工具的使用范围，提高程序性科技治理工具的比重。为此，我国政府以《深化科技体制改革实施方案》的制定和实施为标志，该方案定位于整体性贯彻落实党中央、国务院近年来关于科技体制改革的系列决策部署，突出内容的涵盖性、制度的可持续性、措施的针对性和实施的时序性，形成系统、全面的改革部署和工作格局。方案以到 2020 年基本建成中国特色国家创新体系为目标，提出了相关方面的任务、重点改革举措和具体政策措施，明确了各项政策措施的责任单位、标志性成果和时间进度安排，为今后一个时期落实中央决策部署，推进科技体制改革画出来一张措施有力、脉络清晰、操作有序的“施工图”①。政府要以权责清单化来明确自身的角色和职责，避免对科技

① 彭森．中国改革年鉴 2016［M］．北京：中国经济体制改革杂志社，2016：219-222.

治理议题的过度干预，逐步退出科技治理议题的具体执行过程。

政府权力的共享，意在逐步将科技治理各环节向各治理主体及成员开放。既注重完善下游监督机制，也重视研发设计前期治理共识的达成与治理规则拟定。各科技治理主体在商谈基础上形成共同认可的规范，降低强制性科技治理工具使用比重，增强综合性科技治理工具使用频次，提高各治理主体的接纳度。政府权力让渡与共享的实现需要各科技治理主体深度参与科技治理实践进程，各治理主体围绕各自的利益诉求、政策意愿、规范认知展开平等对话并达成“共识真理”。哈贝马斯的商谈伦理指出，规范的达成需要各方共同参与，“商谈要有效，必须满足两个条件：一方面，它必须对所有的相关者开放，只有所有的相关者都有资格和可能以平等主体的身份参与，这种商谈形式本身才会被认可；另一方面，商谈要能取得有效结果，每一种主张都只有通过理性辩论来获得所有参与者的同意。”“在商谈的过程中，各种各样的规范、提议及其理由都处在开放的审议状态，都要经过解释、反驳和辩护，都要经过仔细地论证。在这个开放的审议过程中，所有的理由都要接受反思和检验，最后所取得共识的只能是基于那些得到所有参与各方共同接受的理由。”商谈过程“将公民在自由平等的交往过程中形成的政治意见化为政治意志，并最终落实到以权力为后盾的法律安排上。”“商谈原则提供了合理共识的标准，商谈过程促进着合理共识的形成，而民主程序则将这一合理共识转化为政治意志并最终形成法律制度，成为公共行政以及行政官僚的行动指南”①。因此，政府在科技治理实践中，要以行政管理职权的共享为起点，逐步退出具体事务性管理，推动多方主体参与政策规划的确定，以政策参与的有效性维护自身的合法权益，是政府主导科技治理体系运作的关键。在科技治理议程中，围绕治理事项展开对话合作，需要构建科技治理场域，多元治理主体及其成员在科技治理场域中展开对话博弈，所有与科技治理议题相关的制度、结构、工具、主体关系均体现在治理场域之中。人们在科技

① 王家峰．从责任伦理到商谈伦理：行政伦理的边界与框架［J］．伦理学研究，2014（1）：83-89.

治理场域中展开治理实践活动，治理主体及其成员间的对话互动都是公开透明的，从而降低暗箱操作出现的可能性。在程序性治理工具的指引下，治理各方展开对话合作而不是没有明确目标指引下的低效沟通。“在这种机制下，参与主体的利益表达渠道是畅通的，参与的方式是直接的而非代理的，过程是连贯而且有效率的，最后的结果既有可接受性又具有可行性。”①

政府、科学共同体与社会公众的角色定位与职责均在不断调整中，科学共同体与社会公众不能仅作为执行者与参与者，政府应通过权力的开放与共享确保科学共同体与社会公众的深度参与。在现代科技治理体系的顶层设计中，要通过聚焦顶层设计，着力增强改革发展的长远部署和整体布局。集中力量，加强创新驱动发展战略的顶层设计和全局性重大改革任务的实施，并已取得标志性成果。中共中央、国务院发布了《关于深化体制机制改革加快实施创新驱动发展战略的若干意见》和《关于在部分区域系统推进全面创新改革试验的总体方案》，国务院常务会议审议通过了科技创新2030—重大项目立项建议，启动了国家科技创新“十三五”规划的研究编制，力争加强重大任务部署和政策规划的研究编制，力争加强重大任务部署和政策制度设计，为实现经济可持续发展提供持久动力②。为此，我国政府通过简政放权实现科技治理资源的优化配置，为其他治理主体深度参与提供政策支持和制度保障。在科技管理、商事制度、职业资格、创新投资、市场准入和产业监管等方面进一步取消和下放行政审批事项，加强事中事后监管，创新服务不断优化。加大科技计划管理改革推进力度，建立国家科技计划（专项、基金等）管理部际联席会议制度，组建战略咨询与综合评审特邀委员会，启动专业机构遴选和改建工作，完成大部分科技计划的优化整合，完善过渡期项目资金管理制度。③ 多元治理主体的互动也有助于政府避免因理解偏差与反应迟缓导致的治理失灵，减少因对专家单方面依赖所导致的科技治理困境。对于科

① 庄晓惠，杨胜平．参与式治理的发生逻辑、功能价值与机制构建［J］．吉首大学学报（社会科学版），2015，36（5）：76-81.

②③ 彭森．中国改革年鉴2016［M］．北京：中国经济体制改革杂志社，2016：219-222.

学共同体与社会公众来说，在科技治理事务中，要慎重对待政府让渡的权力，在权力监督体系下展开科技治理实践，强化治理主体间的制度信任与非制度信任。科学共同体可通过科技规划专家建言、科技咨询服务、科技治理议题监督等形式发挥自身作用。社会公众可通过共识会议、公开论坛、政策建议等形式，利用决策透明化与政府简政放权的机遇，深度参与科技治理实践，并以新闻媒体为信息传递和利益博弈的联结点，提高政府在科技治理议题中的话语权和活动空间。

二、明确政府科技责任，加强体制机制改革

政府在科技议题治理实践中对自身权力的让渡与共享，并不是对科技发展责任的推卸。政府依旧是科技政策与管理领域的主导者，多方参与是为根治治理失灵与提升科技治理绩效。在以科技议题为主导形式的科技治理时代，政府的科技责任应更加明确，即重视国家层面科技发展战略规划的拟定，科技研发管理体制的建构完善。而且由于国情、社会文化、政治体制、治理主体发展程度的不同，各国在同一科技治理议题实践中的科技责任也各不相同，应采用的是借鉴参考而不是全盘吸收别国政府的经验，才能构建出符合我国实际的科技治理体系。

在《“十三五”国家科技创新规划》中就明确指出，要建立健全具有我国特色的科技治理机制，构建多元参与的科技治理格局，充分发挥社会各界在科技治理实践中的积极作用。要“顺应创新主体多元、活动多样、路径多变的新趋势，推动政府管理创新，形成多元参与、协同高效的创新治理格局。”“建设高水平科技创新智库体系，发挥好院士群体、高等学校和科研院所高水平专家在战略规划、咨询评议和宏观决策中的作用。增强企业家在国家创新决策体系中的话语权，发挥各类行业协会、基金会、科技社团等在推动科技创新中的作用，健全社会公众参与决策机制”[1]。对我国政府而言，面

① 中华人民共和国国务院．“十三五”国家科技创新规划［M］．北京：人民出版社，2016：118-122.

对具有明显西方特色的治理理论，要明确理论应用背景的差别。我国并非有如西方国家一样具有较为完善的市场体系，历经“市场失灵”与“政府失灵”后对第三方力量参与社会治理充满渴望，更多的是改革不成熟的市场体系与权力更强的主导型政府的社会模式所导致的管理弊病，以多元治理主体参与弱化利益冲突与认知分歧，有效克服单一主体在应对复杂科技治理议题的困境。

在科技治理实践中，政府肩负着维护多元治理主体关系与凝聚治理共识的重任，要避免政府科技责任的缺位、失位和越位现象，有效行使自身的科技责任。确保科技治理主体各司其职是政府科技责任履职的最好体现。在公共科技资源的分配环节，政府要发挥核心作用，避免单纯的市场调节对基础研究、人才培养、共享性关键技术研发环节的忽视，避免市场和其他主体因利益和风险考量对上述领域的投入缺失。北京市政府在科技责任履职方面表现较好，取得一系列成功经验，北京市因地制宜，充分利用自身的政策、资金与区位优势，深化与科技部等部市会商机制，对接国家重大科技计划，鼓励和支持中央在京科研机构在量子计算、第三代半导体等战略高技术领域开展探索和跨学科研究；对接中国脑计划，实施北京脑科学研究专项，建设具有全球影响力的脑科学创新中心；推动子午工程、凤凰工程等六个重大科技基础设施在京建设，全面支撑前沿科技领域开展原创性研究①。

此外，要确保以高科技企业和相关科研机构为代表的市场主体和科研主体在科技研发应用环节的核心权力，减少体制机制因素对科技资源流动造成的阻碍，实现科技创新要素在不同层级的政府和不同的科技治理主体（包括治理主体内部）之间流动。以资源共享和信息互动实现科技治理困境的解决，多元治理主体深度参与科技治理议程是政府的科技责任之一，以制度的建构和完善确保主体互动和资源共享的顺畅，进而确保社会公众对政府信任程度的提升。以制度维护和平等对话地位的践行提升双方合作的信任度。在

① 首都科技发展战略研究院 . 2016 首都科技创新发展报告［M］. 北京：科学出版社，2016：87-88.

政策议程发起、政策目标拟定等方面，将公众的政策诉求纳入其中。通过对社会文化传统、价值观念、地方性知识的重视和采纳来增强科技治理政策执行力。在前沿科技研发应用中，政府要居中协调，凝聚共识，破除科技治理困境。这一点在我国转基因作物研发应用中有较好的体现，我国转基因作物研发应用因为转基因的风险不确定性争议和社会价值争议的相互交织，形成争议的多元参与格局。争论各方和社会公众围绕转基因的安全性、转基因技术的本质、转基因作物与农作物进出口之间的协调、转基因与文化习俗和宗教信仰等，形成相互对立的观点。进入21世纪后，我国转基因研究开始从局部自主创新迈入全面自主创新阶段，我国转基因安全管理制度体系逐步完备，政府对生物技术研发投资逐年增加，“转基因生物新品种培育”重大专项于2009年启动，“加快研究，推进应用，规范管理，科学发展”的转基因作物发展方针逐渐明确[①]。因此，尊重其他主体的诉求，发挥政府在重大科技事项上的决策主体作用，引导科学共同体合理调配科技资源，才能更有效地摆脱科技治理困境。

政府负责任地践行科技责任，需要通过机制建设予以监督和保障，以事前参与、事中监督和事后追责制度确保政府及其工作人员正确履行职能。在构建科技治理体系的过程中，政府科技责任的履行，主体间治理诉求的表达和利益调和，都需要构建起动态灵活的治理运行机制，减少强制性科技治理工具的使用，优化整合程序性科技治理工具，逐步退出科技治理议题的具体执行环节，转而以公私合作和服务外包的形式将其他治理主体纳入科技治理事项。政府提供政策支持和财政投入，发挥科学共同体在相应科技治理议题上的专业性，节省行政成本，并提升其他治理主体的影响力。要按照《“十三五”国家科技发展规划》要求，围绕破除束缚创新和成果转化的制度障碍，强化科技资源的统筹协调，深入实施国家技术创新工程，提高企业创新能力，推动健全现代大学制度和科研院所制度，培育面向市场的新型研发机

① 贾宝余．中国转基因作物决策30年：历史回顾与科学家角色扮演［J］．自然辩证法研究，2016，32（7）：29-34.

构，构建更加高效的科研组织体系[①]。因为，政府在很大程度上是一个资源整合者，应推进多元治理主体深化合作，充分发挥主体参与科技治理实践的积极性，以市场在资源配置中的基础性作用为前提，通过外部竞争推进科技治理进程。

第三节　积极参与全球科技治理

全球科技治理是全球化进程的一个重要组成部分，是全球化在科技研发应用中的体现。以国家为参与主体，国际性科研机构、跨国公司、非政府组织为重要参与者。全球科技治理依托的是科技全球化的深入发展，而科技全球化的主要特征是：其一，科技资源配置的全球化。可以在世界范围内配置科技资源（包括科技知识资源、科技设施资源、科技人力资源等），以求得科技活动收益的最大化。其二，科技制度安排的全球化。不仅科技活动的组织形式是向全球开放的，而且各国均需在统一的标准下，按照共同的国际规范和规则进行科技信息交流与科技成果交易。其三，科技活动影响的全球化。在一定规则和条件下，科技研究成果的应用是全球性的。科学技术知识的溢出和扩散成为世界经济中的一个重要现象，全球范围内的科技创新竞争日益白热化。[②] 全球科技治理关注跨国界的科技治理议题，超越国家规则之上的科技治理制度建构与科技治理工具的使用，国与国之间、国家与区域共同体、区域共同体之间的博弈，倡导对话与合作而非对抗与歧视；在互动基础上达成科技治理共识并维护国家权益，在主权平等的基础上展开对话合作，保证

① 中华人民共和国国务院．“十三五”国家科技创新规划［M］．北京：人民出版社，2016：118-134.

② 吴永忠．科技创新趋势与国家科技基础条件平台的建设［J］．自然辩证法研究，2004（9）：73-76.

各国在国际科技治理议题上的话语权和参与制定全球科技治理规则的权利。国际科技治理活动的特殊性是治理议题跨越国家边界，易受不同文化价值观、社会体系和政治体制的影响。在不同国家所遇到的治理困境既有共性，也有特殊性。无论是科技治理目标的确定、科技治理工具的选择与认可、科技治理主体话语权的维护和政策执行有效性上，都面临着极大的挑战。为此，在国际科技治理问题上“政府应培育在同一领域不同技术选择的可能性，不断增加核心关键技术的源头性供给”而且要“准确把握创新活动的规律，着重培育创新环境”①。

一、以科技治理工具为纽带，构建全球科技治理网络

全球科技治理形势较之一国更为复杂，不同文化价值观和政治体制带来的冲击，以国家为参与者的科技治理实践达成利益共识与政策目标的难度增大，强制性科技治理工具已无法适用于全球科技治理实践。通过政策网络确保各参与主体在同一框架体系下展开博弈，是全球科技治理实践启动的前提。要确保主体间对话的持续与承认彼此分歧基础上的合作，以道德文化层面的认同帮助政策分歧的缩小和实质性治理实践活动的展开。

全球科技治理的兴起与全球化密切相关，全球性贸易活动中与技术研发、应用、转移有关的活动成为主流，科学共同体展开研发实践的形式较之以往更为复杂多样，重视科技创新要素在全球范围内的流动、共享，全球性科技议题增多。科技研发活动的内部需求与外部环境较之以往均发生较大改变，科研活动国际性增强，国家间、国家与区域共同体、区域共同体间交错、复杂的科技合作已成为国家科技活动的重要组成部分，国家内部科技资源流动比重有所降低。科技研发活动的需求变得更加国际化，无论是设备共享、技术人员流动、数据库联合开发与开放共享、多国联合科研项目数量，还是科研项目资金来源的国际化，都体现出全球化的特征。在生物技术研发管理与

① 张明喜．全球科技创新趋势及国家治理改革对政府科技事权的影响［J］．经济研究参考，2016（3）：3-12.

生物多样性保护、可持续发展议题、全球气候变暖问题、纳米技术安全问题等方面，均具有明显的全球属性。单一的国家联盟或者区域共同体之间的合作都无法取得科技治理议题的有效解决，需要各主权国家、国际科研机构、非政府组织、新闻媒体共同合作参与。国家间经贸合作中的知识产权保护、技术准则制定与接纳、技术转移与技术壁垒等问题增多。构建具有约束力的知识产权保护体系，加快推动技术转移、技术援助与破除技术壁垒，提高技术准则拟定过程的开放性与公正性，都是国际科技治理实践中亟须解决的重要问题。在全球性技术研发合作实践中，北京市与科技部联合建设国家技术转移聚集区和中国国际技术转移中心，北京成为国际技术转移的重要枢纽。连续五年成功举办‘中国（北京）跨国技术转移大会’和中意创新论坛等系列活动，促成120余个项目签约金额560亿元。国际技术转移协作网络成员单位拓展至200家，与40多个国家的400多个国际技术转移机构建立长期合作关系。‘北京市国际科技合作基地’达370家。实施‘走出去’战略，据不完全统计，北京市企业已在全球布局580余个研发机构，境外上市企业超过100家。有2位诺贝尔奖获得者在京设立联合研究院。在京外资总部企业累计268家，外资研发机构累计532家。北京市积极构建国际科技合作和技术转移平台，同时筹办有国际影响力的国际科技合作与交流品牌活动，促进了大量国际科技资源落户。此外，截至2015年底，北京已先后认定国际科技合作基地达370家，与43个国家和地区的582家机构开展合作，建立起遍布全球的国际科技合作网络①。

在以科技治理工具为媒介推进全球科技议题治理过程中，科技治理工具众多，需按照科技议题的实践需要和治理绩效进行选择，并不需要进行一一的列举和归纳。国际科技治理工具根据发起主体与利益诉求的不同分为两类：一类是单一国家主体或者区域共同体为谋求本国或本区域利益使用的治理工具，与其他科技治理主体间的合作机制也被看作一种治理工具，代表性

① 首都科技发展战略研究院．2016首都科技创新发展报告［M］．北京：科学出版社，2016：102.

的治理工具有进出口控制、政府代表企业博弈、双边协议与多边协议、同其他治理主体（国际组织、非政府组织和媒体）展开的对话合作[①]；另一类是国与国、国家与区域、区域与区域之间在国际科技议题治理实践中利益博弈、共识达成、合作开展中共同使用和认可的行动机制，是一种国际性的行动机制，代表性的治理工具有超国家法律、嵌套性规则、监管式自治、集水区规则、规则转移、联合规则、相互认可与调试[②]。各国在国际科技议题治理实践中，选取不同类型的科技治理工具展开治理博弈，达成政策共识，展开对话合作，维护自身权益，进而推动全球科技治理进程。

在全球科技治理实践活动中，政策网络本身就是一种综合性科技治理工具。既有在技术传播、应用与保护上的“超国家法律”这种强制性治理工具，也有以价值观凝聚主体共识，以“国家间协议”推动治理合作的多样化形式，将以国家和区域共同体为代表的治理主体和跨国公司、国内科研机构与国际性科研机构、媒体、非政府组织联结起来，强化主体间的交流合作。全球科技治理进程的稳步推进，应根据科技治理议题选择科技治理工具，重视科技治理工具本身的灵活性和实施过程的动态性。倡导在共同目标基础上的对话合作，求同存异，避免“一刀切”对合作带来的伤害。我国在《“十三五”国家科技创新规划》中就提出要主动设置科技议题，强化政府间合作，主动参与国际性大科学计划和大科学工程，提升并稳固政府间在全球科技治理议题上的治理共识与制度信任。在国际科技治理实践中，要进一步拓展中国—非洲科技伙伴计划、中国—东盟科技伙伴计划、中国—金砖国家科技创新合作框架计划，打造与相关国家务实高效、充满活力的新型科技伙伴关系。完善科技创新开放合作机制，加大国家科技计划开放力度，支持海外专家牵头或参与国家科技计划项目，参与国家科技计划与专项的战略研究、指南制定和项目评审等工作。与国外共设创新基金或合作计划。实施更加积

① 苏竣，董新宇．科学技术的全球治理初探［J］．科学学与科学技术管理，2004（12）：21-26.

② 曾婧婧，钟书华．科技治理的模式：一种国际及国内视角［J］．科学管理研究，2011，29（1）：37-41.

极的人才引进政策，加快推进签证制度改革，围绕国家重大需求面向全球引进首席科学家等高层次科技创新人才，健全对外创新合作的促进政策和服务体系。重点加强科技人才培养、共建联合实验室（联合研究中心）、共建科技园区、共建技术示范推广基地、共建技术转移中心、推动科技资源共享、科技政策规划与咨询等方面的合作[①]。在全球科技治理进程中，以政策网络为核心，通过多样化的科技治理工具强化全球科技治理主体间的联系。

二、谋求国际科技治理话语权，维护本国利益

全球科技治理涉及科技研发合作、规则制定与执行的博弈、科技创新要素的全球流动，是各国科技治理体系的重要组成部分。在全球科技治理实践中，科技问题的复杂性、各国国情的差异、文化价值观的差异、国家与区域共同体利益的对抗，都导致科技议题治理实践在对抗、博弈与合作中前行。政策议程的启动、停滞与中止伴随其中，集体选择的达成与共同目标的制定难度增大。全球科技治理议题的推进更需要国家积极参与，在人类共有价值观层面达成共识，确保合作基础的稳固，以非政府组织、政府组织、新闻媒体、科学共同体等治理主体为纽带，通过正式的国际会议与非正式的对话沟通，达成双边或多方合作的共同目标。

在全球科技治理实践中，我国主动参与其中，提高自身在全球科技治理热点议题中的话语权和影响力，强化与主权国家和区域共同体之间的科技合作，积极参与科技治理规则拟定，重视并加强与国际性科技组织的合作。加强与主要国家、重要国际组织和多边机构围绕政策制定、科学合作和技术交流平台、重大国际研发任务等内容展开对话合作。鼓励和支持科技界、产业界深度参与，增进创新政策和实践交流，拓展双边外交的新形态。我们要积极融入和主动布局全球创新网络，积极参与重大国际科技合作规则制定，加快推动全球大型科研基础设施共享，主动设置全球性议题，提升对国际科技

① 中华人民共和国国务院．“十三五”国家科技创新规划［M］．北京：人民出版社，2016：101-109.

创新的影响力和制度性话语权。加强顶层设计，结合我国发展战略需要、现实基础和优势特色，积极参与国际大科学计划和大科学工程，重点在数理天文、生命科学、地球环境科学、能源以及综合交叉等我国已相对具备优势的领域，研究提出未来 5 至 10 年我国可能组织发起的国际大科学计划和大科学工程，为世界科学发展作出贡献①。

主权国家是全球科技治理的主要参与者，游戏规则的制定是治理议程展开的前提和保障。在全球科技治理进程中，主权国家通过国际科技合作寻求合作伙伴，巩固双方的利益联结，从而更有效地表达本国的治理诉求，维护本国的合法权益，增强本国在相关治理议题的国际影响力和话语权。在通过全球范围内的科技合作助推科技治理议题进程中，提升科技治理能力。北京市立足自身的政策、人才、资金、科研基础设施等优势，全面参与全球科技合作，成效显著。北京市通过重点建设好国家技术转移聚集区和中国国际技术转移中心，积极推动亚欧创新中心、中意技术转移中心、中韩企业合作创新中心建设；拓宽与东北亚、欧盟和北美等发达国家和地区的创新合作，引导国际知名企业在京设立研发中心和地区研发总部，吸引国际知名科研机构来京联合组建国际科技中心。支持国内创新主体“抱团出海”，开展技术和标准输出以及境外技术和品牌收购，设立海外研发中心②。

全球科技治理关注主权国家针对全球性技术议题展开的博弈对抗与协商对话，经过非政府组织和政府间组织的协调，借助专业论坛展开对话交流，达成政策共识，破除治理阻碍。在全球科技治理中，主权国家是核心参与力量，跨国公司、专业性的学术社团、非政府组织则起到居中协调的作用，区域共同体在全球性科技治理议题实践中的重要性也在不断提升。在全球科技治理实践中，集体选择与共同目标的达成、科技治理工具的选择与使用、国际协议的拟定与执行均受到复杂的国际形势和国家间利益博弈的影响。各国

① 中华人民共和国国务院．“十三五”国家科技创新规划［M］．北京：人民出版社，2016：104-109.

② 首都科技发展战略研究院．2016 首都科技创新发展报告［M］．北京：科学出版社，2016：88-91.

之间的博弈由于国际影响力与国家实力的不同本就不平等，问题层面超出国家边界范围导致治理行动展开的协调性与有效性的难度增大。加之容易因国家过度介入治理议程出现市场失效和对其他主体参与权益的损害，都对全球科技治理议题的有效推进带来诸多障碍。

在全球科技治理实践中，我国要秉承主动参与、积极互动的态度，在全球科技治理议题上与利益相关国家加强交流、沟通，做到信息共享、政策联合，增强彼此在国际上的话语权，参与相关游戏规则的制定。进一步提升国际科技合作层次，推动若干领域达到世界先进水平，通过国际科技合作专项计划重点支持优先发展的科技领域，带动战略性新兴产业发展所需的重大技术引进和再创新，带动高端人才引进与培养，引进和培养一批高层次的国际化科技人才队伍和科技管理队伍，通过重大研发机构，凭借优越区位优势和创业环境，以及研发聚集区等平台，引进一批顶尖海外专家和优秀创新团队回流参与创业或工作。并发挥科技先导和引领作用，争取重要国际资源的支配权或优先使用权，形成政府支持、高校和科研院所重点参与、以企业为主的国际科技合作体系。① 另外，积极参与区域性政府间国际组织建设，以政府间国际组织为代表，推进涉及区域主体和本国利益的国际科技治理议题。通过多国联合来增强在国际博弈中的影响力和话语权，也是当前国际科技治理实践中的一个重要形式。重视本国企业在全球科技治理中的作用，鼓励一批科研实力雄厚的企业迈出国门，参与全球科技竞争，主动对接行业前沿，强化企业的竞争能力，要“提升企业发展的国际化水平，鼓励有实力的企业采取多种方式开展国际科技创新合作，支持企业在海外设立研发中心、参与国际标准制定，推动装备、技术、标准、服务‘走出去’。鼓励外商投资战略性新兴产业、高新技术产业、现代服务业，鼓励国外跨国公司、研发机构、研究型大学在华设立或合作设立高水平研发机构和技术转移中心”②。

---

① 陈强. 主要发达国家的国际科技合作研究［M］. 北京：清华大学出版社，2015：146-148.

② 中华人民共和国国务院. “十三五”国家科技创新规划［M］. 北京：人民出版社，2016：104-109.

第四章　科学共同体负责任创新与咨询对话制度

“后学院科学”时代科研活动复杂性增强，外部社会因素对科研活动冲击增大，助推科技治理的兴起与发展。科学共同体作为科学技术的拥有者、科研活动的执行者与科技风险的评估者，也是科技治理议程的执行者，其职责履行与科技治理绩效息息相关。在科技治理实践中，科学共同体要做到不越位、不失位、不缺位、不错位，践行正确的价值观和行为规范，坚持负责任创新，构建制度性咨询机制提升话语权，强化与其他治理主体间的交流互动，弥补认知分歧，弱化矛盾冲突，减少科技治理阻滞。

在面对“后学院科学”时代科技研发应用后果的复杂性与未知性对科学共同体的权威带来诸多质疑，大科学时代科学共同体对资金、人员、政策的要求提高，对国家和市场的依赖程度提高，科学共同体独立性受到冲击。科学共同体要回应以政府和社会公众为代表的治理主体对科技研发活动的关注，确保在资金、政策、人才等要素依赖增强的形势下维护自身的科研独立性，提高对科技治理议程的执行力，维护自身的话语空间与治理合法性地位。科学共同体要以专业知识的分享为立足点，依托行业协会展开科学传播与科学普及工作，创新科普传播形式，丰富科普内容，提升我国公民科学素质，重塑与其他治理主体的信任关系。不断增强自身的话语权，通过制度化的咨询机制密切与其他治理主体的对话，以共同目标和集体选择为切入点巩固主体间的信任基础。借助国家科技报告制度与科技创新规划制定的契机，完善科技咨询服务体系，提升科学共同体的话语权。

第一节　科学家的角色选择与话语权

在“后学院科学”时代，前沿科技研发与交叉学科发展主体仍是科学共同体，公民科学素养的提升并不能取代科学共同体在科技治理实践中的执行主体地位，基础理论研究与关键技术应用环节的突破依旧依靠科学共同体。其他科技治理主体对科学共同体在科技治理活动中的质疑，针对的是科学共同体价值中立地位的动摇和科研独立性的减弱，而不是科学共同体的职能。在科技治理实践中，科学家始终肩负着执行政策目标的责任，但需增强对社会价值因素的关注，在技术研发前期设计中重视价值观注入，合理定位自身角色，以开放包容的态度加强与其他科技治理主体互动。

为提高科技政策执行力，维护科学共同体权威，应在完善外部监督机制基础上，增强科学共同体的话语权，确保科学共同体在具体科技事项上的独立自主性，减少其他科技治理主体对具体科技执行环节的干预。为最大限度地降低技术研发的风险，重塑科学家精神，应确保在科技治理议题设计的前期，提高对其他治理主体利益诉求和政策建议的重视程度，增强技术研发的共同价值观和利益基础。

一、以主动的角色选择实现身份转变

“后学院科学”时代，技术研发应用后果的未知性、主体间的价值判断与价值冲突、经济与社会因素权重增强、公民科学素养的提升，其他治理主体对科学共同体的角色定位与职责行使进行诸多反思与质疑，对传统的科学观和科技决策体制的合法性，科学技术部门与政治—经济体制相互适应和塑

造中形成的专家治理结构的反思，避免科学共同体回避其他主体的政策建议和利益诉求，以维持科学独立性为由形成科学的沙文主义甚至异化为统治和谋利的工具，避免科技专家与政治家之间以“真理同权力”的对话完成决策①。为此，科学共同体要正确应对其他群体对自身价值选择正当性和价值判断公正性的怀疑，通过践行共同治理目标弱化治理主体间的认知分歧，以共同认可的制度设计巩固并强化主体信任，重新建构科学共同体的合法性话语空间，确保自身作用的有效发挥。

科学共同体依旧是科技议题治理的主要执行者，尽管技术研发复杂性依旧，但它不应由科学共同体负责，治理阻滞并不能单纯还原为技术问题加以解决，科技活动本身就是在社会体制中展开的，通过科技决策活动合法性和资源支持，本身就是多主体博弈过程。在我国转基因作物治理中，科学共同体与权威科学家就充分发挥自身的作用，以自身担任的人大代表和政协委员为沟通渠道，通过代表议案等形式发表政策建议，并借助“参与政治局集体学习授课、政协‘双周协商会’讨论等方式和途径，向高层决策者直陈转基因利弊。显然，与写信建言的方式相比，科学家与高层决策者面对面交流，在政策影响力上更为直接有效”②。

在要求科学共同体及成员重视社会责任，加强与其他治理主体交流互动的同时，也要变革社会的科学观与民主观，践行共同决策与责任共担，处理好科学与政治的关系，维护科学共同体的合法权益。科学共同体及其成员要主动进行角色转变，运用新型科技治理工具（如技术利基、价值敏感性设计等）主动承担社会责任，在科技研发实践中接受价值观的指导和道德规范的约束，是因为“科学是社会的建构，科学在一定的社会制度中成长，接受社会的给养；科学家在成为科学家之前首先是作为一个社会人存在的，科学家不仅仅是个人的存在物，也不仅仅是科学共同体的成员，而且还扮演着社会

① 徐凌．试论公众参与科技决策［J］．科学技术与辩证法，2007（2）：94-100，109，112．

② 贾宝余．中国转基因作物决策30年：历史回顾与科学家角色扮演［J］．自然辩证法研究，2016（7）：29-34．

共同体的角色，因此，科学、科学家对于整个社会、整个人类来说是有价值责任的，科学家在进行科学研究活动时应当注意到科学本身的价值、道德约束的问题，承担起对社会的那份责任”①。在我国转基因作物30多年的研发推广中，科学共同体就应吸取因角色定位不清所带来的研发阻碍，及时调整自身与政府在内的其他治理主体的关系，重视负责任创新与负责任传播。随着“转基因的风险不确定性逐渐被诸多的实验结论证伪，社会价值争议有所缓和”“在转基因决策中，形成了高层决策、政府推进、精英主导、公众参与的格局，科学家在这个格局中，不仅需要协助政府来进行自主创新、大胆开展研究，也需要通过持续的传播科学活动来提高整个社会的价值共识程度，并在必要时‘代理’公众来参与决策，扮演好政策选择的诚实代理人角色。”“伴随着转基因风险认知的不断深化、社会价值共识程度的不断提高、决策主体的不断多元化，科学家的角色也在逐步变化和调整之中”②。

科学共同体应开放公众参与，以开放姿态获取其他主体的信任，但也应保持具体操作的独立性与公正性。总之，科学共同体为获得新的活动空间和足够的主体信任，重塑自身在科技治理实践中的权威，必然要主动寻求角色转变，在开放参与和保持独立性之间达到平衡。加强组织制度设计，明确主体间的法权关系，构建共同认可的游戏规则。以新的科学发现或技术突破为切入点，形成新的治理路径，为主体间的妥协和开启新的政策行动提供起点，减少科技执行中止现象出现，强化主体间参与的凝聚力，达成新的政策共识。

二、弘扬科学精神，重塑科学共同体权威

在大科学时代，科学共同体及其成员在前沿科技领域处于领导地位，在技术创新突破、技术成果转化应用等方面发挥着关键作用。在科技治理实践中，其他主体对科学共同体及其成员的质疑往往集中在价值定位与利益分配

① 崔敏华．后现代科学的价值观［J］．福建论坛（社科教育版），2007（8）：124-127.

② 贾宝余．中国转基因作物决策30年：历史回顾与科学家角色扮演［J］．自然辩证法研究，2016（7）：29-34.

上，很少对其专业性产生怀疑。当前科学共同体与政府、市场等主体在经济利益上的纠缠，导致其他主体对其在技术研发、评判与应用上的公正性、合理性不断产生怀疑。为此，弘扬科学精神，重塑科学共同体的权威，确保科学共同体在科技治理中重视价值因素，考虑技术应用的社会后果和可接受性，减少技术研发应用环节对技术本身和经济效益的单一追求，是科学共同体在科技治理实践中的紧迫任务。在《“十三五”国家科技创新规划》中，明确指出要把弘扬科学精神作为社会主义先进文化建设的重要内容，大力弘扬求真务实、勇于创新、追求卓越、团结协作、无私奉献的科学精神。引导科技界和科技工作者强化社会责任，加强科技界与公众的沟通交流，塑造科技界在社会公众中的良好形象。围绕重点热点领域积极开展科学家与公众对话，通过开放论坛、科学沙龙和展览展示等形式，创造更多科技界与公众交流的机会。[①]

在科技治理实践中，科学共同体面对其他主体的质疑与治理困境带来的挑战，应重塑和弘扬科学精神，通过科技治理主体间关系的协调和价值观层面的倡导，确保科学共同体获得足够的尊重。“科学精神是人类在求知的精神活动中不断总结、积累、反思所体现出来的精神，是科学文化深层次结构中蕴含的价值和规范的综合，体现为科学的公共性价值追求。”[②] 科技治理精神指科学共同体在技术研发应用中所践守的行为规范与道德准则，亦应包括科技治理进程中的价值观念等因素。

科技治理精神倡导的是保证科学共同体在具体科技事项独立性，与其他治理主体就科技治理相关议题建立起共同认可的行为准则，减少各类治理冲突现象。以主动、开放、包容的态度欢迎其他治理主体对自身进行监督和建议，重视治理主体间的对话合作，在科技研发环节加强对安全、伦理等因素的关注，避免因主体间对立所导致的治理阻滞。坚持负责任创新，以负责任

---

① 中华人民共和国国务院．“十三五”国家科技创新规划［M］．北京：人民出版社，2016：141-144.

② 桑明旭．科学精神的谱系：默顿、齐曼与马克思——兼论科学的公共性价值追求［J］．科学·经济·社会，2014，32（3）：32-37.

的态度展开科技研发应用，在寻求科技创新与技术突破的同时，关注其他治理主体的政策诉求，重视社会价值因素和道德规范的考量。在科学共同体内部建立起完善的制度约束体系，尤其是事后追责制度，避免因科研人员的疏忽导致技术应用出现负面成果，及时应对技术研发应用中的风险，并提前做好预判程序，针对技术研发应用中出现的风险做出及时应对。在技术突破与社会认可之间达成平衡，强化对科学家社会责任的宣传，推动科技治理主体间对话互动。在科技治理实践中，坚持自律、自主和自治是提升科学共同体话语权的重要保障，而获得社会大众的认可与接纳是技术成果应用取得成功的关键。科学共同体投入巨大的人力、物力所实现的技术创新和突破，只有最后获得市场认可和公众接纳，转化为社会生产力才算取得成功。因此，科学共同体要在技术研发应用环节引入其他治理主体的价值倾向、道德规范和利益诉求，尤其是考虑到地区社会文化传统与地方性知识的影响。

重塑科学共同体权威，需要发挥权威科学家在科技治理实践中的作用。在政策议题的发起、决策程序的出台、社会资源的分配、具体执行步骤的拟定、主体监督机制建设等阶段，就相关治理议题与权威科学家取得一定的政策共识，确保政策决策及实施方向的可操作性。权威科学家在科技治理中的重要性，主要是因为权威科学家自身及其所领导的科研团队掌握着前沿技术成果及科技资源较多，而且往往担任一定的行政职务，科技管理经验丰富，对于技术研发中科学共同体与政府、社会公众之间的交流互动的重要性有着清醒的认知，了解我国国家科技政策与管理领域改革方向、重点和难点，能够在科技治理体系建设中发挥示范带头作用。权威科学家可以作为纽带，协调政府科技资源的有效分配，增强其他科技治理主体对科技治理议题的认可和信任，避免治理主体间因认知分歧和对抗导致的科技治理成本增加。

第二节　坚持负责任创新

“后学院科学”时代，政府、科学共同体、社会公众之间的互动博弈与对话合作明显增强，治理主体间价值观既相互交融，又彼此对抗，价值与事实、权力与真理相互渗透，彼此间治理界限日益模糊。科技研发活动受经济和政治因素的影响增强，各方对科学共同体的责任观念越发重视，倡导在科技治理实践中引入并践行负责任创新理念。负责任创新重点关注协调研究热点和产品创新的关系以实现社会和环境效益，在整个创新过程中，重视持续的社会参与，评估和优先考虑社会的、伦理的和环境的影响、风险和机遇，完善监督机制并针对变化的知识和环境做出快速响应，公开性和透明性是研究和创新过程不可或缺的组成部分①。负责任创新体现为社会责任与技术创新紧密结合，将伦理道德因素引入科技治理议题前期设计与执行反馈环节，确保技术创新突破获得社会认可，减少认知分歧对科技治理议题实践带来的阻碍，重视科技研发活动中的价值预设、判断与选择，对科学共同体的社会伦理观进行重塑并唤起对主体责任的重视。

负责任创新关注在技术创新应用不确定性背景下，提前在技术创新环节介入并增强责任因素。负责任创新是预防性治理思想在科技治理实践中的应用，要求技术研发人员重视责任因素，提高科学共同体及其成员对技术成果应用的关注。负责任创新并不仅仅是针对科学共同体及其成员，也将政府、新闻媒体、非政府组织纳入其中，在科技治理政策议程的议题发起、政策拟定与执行、政策监管与执行反馈等环节，所有关涉技术研发与创新的部分都要坚持负责任创新，将技术创新与社会治理紧密结合，在实现科技治理主体

① 晏萍，张卫，王前．“负责任创新”的理论与实践述评［J］．科学技术哲学研究，2014，31（2）：84-90.

利益诉求的同时，更有效地应对科技成果应用的未知性。负责任创新倡导“建立一种民主、公平且具包容性的技术与社会关系，以‘责任’为核心价值要求展开系统性制度设计，以创新的可持续性满足社会发展需求。”“建构起可操作的技术规则和评价指标体系，展开基于协商对话的风险管理，消除或减少创新的不确定性，引导创新发展轨迹的社会价值方向”①。以制度安排确保科技治理主体对负责任创新的关注与重视，在科技治理实践中将负责任创新的理念固化，并确保其作为必要环节存在于技术创新环节之中，在政策议程中要重视伦理诉求和公共责任。

一、弘扬责任文化，规避科技风险

当前科技研发应用的全球性、社会价值因素在技术研发实践环节的渗透，科技活动引发的技术风险对治理实践带来不同程度的挑战，尤其是作为科技研发环节实际执行主体的科学共同体，质疑的增强和执行阻滞的增多对其职责的行使和权威的维护都带来消极影响。福曼指出，在后现代社会，责任成为核心要素，是科学活动中起主导作用的基础规范，在整个西方社会发挥着关键性作用，约束着科学家对待自身及其科研实践活动的行为和态度②。弘扬责任文化，践行负责任创新，重视价值观考量，杜绝单一技术和经济因素主导技术研发实践，有效规避科技风险对治理实践带来的不利影响，维护科学共同体权威，增强科技治理主体间信任。所以，负责任创新源于研究自由化与科学自治在面向社会责任、伦理道德与公众利益时存在的潜在冲突与矛盾，体现为技术创新的双重性、科林格里奇困境和创新治理的制度空白③。

责任文化是科技治理实践中科学共同体对社会价值因素的关注与重视，对责任文化的弘扬与践守，有助于科学共同体应对自身权威性、公正性受到

---

① 张春美．“负责任创新”的伦理意蕴及公共政策选择策略［J］．自然辩证法研究，2016，32（9）：32-36.

② 保罗·福曼．近期科学：晚现代与后现代［J］．科学文化评论，2006，3（4）：17-48.

③ 梅亮，陈劲．负责任创新：时域视角的概念、框架与政策启示［J］．科学学与科学技术管理，2016，37（5）：17-23.

其他治理主体挑战的困境，减少其他治理主体对科学共同体价值定位和科研独立性的质疑，聚合更多主体的力量来共同面对科技风险带来的挑战。科学共同体在科技治理实践中对责任文化的践守就是负责任创新。通过在科学知识生产中对自身行为及后果的关注，对相关责任的细化，对相关责任主体和责任人的监督、追责与惩处，确保科学共同体在组织内部加强价值因素和责任意识的宣传，以制度建构固化对责任的重视，完善考评奖惩制度，引导成员时刻牢记责任文化。责任文化的弘扬和制度固化，可以促使科学共同体对其行为及产生的后果做出及时回应，包括向责任对象及时并详细地解释其行为依据，向责任对象说明产生后果的影响等，并对其不当行为予以强制纠正并作出相应惩处①。通过对责任文化的弘扬、宣传与制度化践行，可以确保科学共同体将自身的科研实践活动与其他治理主体的利益诉求联系起来，减少单一利益考量导致的治理主体间矛盾激化和利益冲突，在技术评估环节加入并重视伦理因素，综合评判技术应用产生的负面效果。为此，1997 年在巴西圣保罗大学召开有关科学共同体社会责任的国际研讨会，针对科学家作为有专业技能和知识的人，同时也作为社会公民，是否在科技研发实践中负有特殊责任及其性质，科学家所负责的对象，科学共同体及其成员就其专业角色与其社会道德义务之间的关系②展开深入讨论。

当前的科技研发活动不确定性程度增强，危险的隐蔽性、覆盖地域的广阔性、影响群体的复杂性、利益博弈与政策共识达成的困难性导致科技风险问题较以往危害更大，也驱使着科学共同体对负责任创新重视程度的增强。在中国转基因技术研发与应用中，科学共同体和社会公众对待转基因作物的不同态度，体现出不同治理主体对“后学院科学”时代科技风险不同的应对态度，而民众对转基因技术风险的认知与判断也在警醒着我们科学共同体要负责任地对待转基因作物的研发推广。中国转基因的风险争议背后，“实质

---

① 胡春艳．科学共同体实现公共责任的途径选择分析［J］．科学学研究，2014，32（10）：1447-1453.

② 莫少群．“科学家的社会责任”问题的由来与发展［J］．自然辩证法研究，2003（6）：50-53.

上代表了社会对‘什么是重要的威胁？何者应优先保护’的价值排序，而在这点上政府及公众具有不同的考量。中国政府虽然对转基因推广保持较为谨慎的态度，但一直坚定支持转基因的科研和开发，以免落后于西方国家。”“在‘发展就是硬道理’等主流话语下，经济发展处于国家议题的优先序列，转基因当然要为农业发展和粮食安全服务，这种价值排序也深刻影响着科技工作者对转基因风险的评估和判断。”这种以解决粮食危机、社会发展为先的政策导向，会制度性地忽视转基因这类科技可能带来的风险，而这恰恰是公众所最为担心的。”① 对负责任创新的践守，通过价值观层面的倡导，贯穿整个科技治理的政策议程，融汇在科技治理议题的技术预测、议程发起、政策执行、监督反馈等环节，以负责任创新应对科技风险与增强主体间信任。技术预测强化对前沿科学与社会发展的分析，确保议程发起者、执行者与监督者可以准确把握技术发展趋势，提高应对科技风险问题的能力，增强主体间的凝聚力。议程发起始于政策反思，终于政策制定，表现为战略层面的调整和科技执行上的变革，引入其他治理主体参与具体科技项目管理体制的制定和科学共同体内部成员行为规范的拟定，重视科技伦理原则在技术研发实践中对科学共同体及其成员的约束和规范，确保政策的发起与制定环节在价值观上凝聚共识并减少分歧。负责任创新体现在开放参与和协商共治中明确权责，科技治理议题经由共识会议、公民小组、国民技术论坛等形式向其他科技治理主体主动开放，以治理主体间的协商、对话、咨询实现技术信息的共享，就相关科技治理议题展开多方讨论博弈。

二、强化政策指引，重视价值因素

负责任创新关注整个科技创新过程及其研发应用，既包括对已有创新及其影响的反思与总结，也涵盖对未来创新实践的管控与指引，在价值评估与匹配基础上选择适宜的科技治理实践行为。随着教育水平的提升与社会公众

① 黄彪文．转基因争论中的科学理性与社会理性的冲突与对话：基于大数据的分析［J］．自然辩证法研究，2016，32（11）：60-65.

所受教育年限的增长，公众自身的科学素养较之以往提升很大，可以有效参与科技治理议程并发表有效政策建议。因此，在科技治理实践中，技术专家要避免出现对公众政策建议和质疑的忽视，不应简单地将其看作对科技成果应用风险的恐慌，公众所表达的政策诉求和相关质疑是在充分思考的基础上作出的，有其自身的价值判断和科学素养做支撑，要慎重对待。科学共同体要看到公众专业性增强、参与度提升对科技治理议题的影响，重视地方性知识和文化价值观念的作用，通过政策指引和对价值因素的重视来确保科技治理实践的公开透明。负责任创新作为科学共同体开展科技治理实践的新路径，关注科技治理议题的伦理可接受与社会期望的满足。尽管负责任创新在科技治理实践中并不能为各治理主体提供明确的政策指引，或者为主体间的利益协调提供可具操作性的政策建议，但却可以推动科技治理主体，尤其是科学共同体对自身的治理观念、治理工具、治理目标进行省察和改进，增强对道德观念和社会价值标准的考量，提高对社会公共价值的重视程度。

负责任创新的提出与践行反映出主体责任在政策议程中覆盖范围的变迁，从事后责任追究到事中执行效力与事前政策设计，确保整个政策议程环节都得到有效参与和监督，避免治理主体认识层面的偏差对科技治理实践的不利影响。科学共同体开始重新审视自身肩负的社会责任，在议程设计环节注重对价值因素的考量，在技术研发与应用环节注重社会制度环境与其他治理主体对治理议题的接纳度，以开放共享合作换取治理主体间的集体协商与政策共识。从向资金提供方负责转为向整个科技治理议题及其参与主体负责是负责任创新的核心。

负责任创新在科技议题治理中发挥着价值观约束的作用，可以帮助科学共同体建构与完善辅助性科技治理制度。确保科学共同体重视自身的社会责任，积极开展自我省察、深化合作和开放参与，提高科技治理主体间的信任程度。重视科学共同体及其内部成员（科学家与工程师）的社会责任，要求其为科技研发应用及其后果负责，确保其掌握的高精尖技术可以真正地为人类社会服务。以价值因素的重视降低治理主体间的认知分歧，确保科学共同体及其内部成员可以在当前复杂的价值冲突与利益博弈的环境下真正做到负责任创新与践守“诚实代理人”的身份。

第三节　构建制度化的科技咨询与科技对话机制

科技治理实践中实现开放参与与主体对话，需要科学共同体做到信息公开和技术共享，确保其他技术主体熟悉科技治理进程，通过制度化咨询机制为多元科技治理主体建立对话平台，以专业性的解答缩小认知分歧，及时调整政策重点，推进科技治理进程与提升科技治理绩效。“后学院科学”时代的科技研发活动已无法实现事实独立，科技与经济、政治和社会因素交织一起，科学家在科技研发实践中所面临的矛盾冲突复杂多变，牵涉多个科技治理主体，单一治理主体间的协调并不能扭转科技治理困境，必须提高将科学纳入政策情境的能力，要求科学家广泛深入地介入科技民主决策与治理的磋商机制之中，科学共同体并不是解决政策问题的最终仲裁者，但是科学咨询过程和科学顾问的加入却能实现科学、社会和国家间的协调互动，最终形成广泛的政策共识的必要条件①。

一、以科技咨询机制推动科技治理议题解决

科技治理实践围绕治理议题展开，科技治理主体间复杂的利益关系，科技治理议题本身较强的专业性，导致其他科技治理主体对政策实践缺乏准确理解，对其他科技治理主体在参与政策议程、发表政策建议、表达利益诉求上带来较大困难，阻碍着科技治理实践进程。为此，开展科技咨询服务，在政策实践环节提供专业信息服务，开放共享科研数据，确保技术信息传播的

① 尹雪慧，李正风．科学家在决策中的角色选择——兼评《诚实的代理人》[J]．自然辩证法通讯，2012，34（4）：73-77，127.

有效性，澄清其他科技治理主体对技术研发实践环节的误解，有助于提高政策实践的接纳程度。同时要避免出现科技咨询中单一信息输出导致的信息垄断或信息不完整，确保共享信息的完整、准确、有效，杜绝另一种形式的“治理垄断”。要扩大科技咨询范围，实现科技咨询方式的多样化和科技咨询程序的灵活性，重视地方性知识和群体科学认知的影响。

制度化科技咨询机制的建立，可以规避科技治理实践中技术风险对科技治理主体利益造成的损害。以制度化的科技咨询为辅助，带动其他科技治理主体提升认知层次，准确把握科技治理议题，深入理解政策议程的重点和难点，有效参与到科技治理议程各环节中，合理表达自身的政策诉求并赢得政策话语权。科技咨询机制的顺利运行，离不开技术专家的深度参与。在科技治理实践中，科技专家以“诚实代理人”的身份，依托科技咨询机制，借助中国科协和各种专业技术协会承接政府职能转移的契机，依据自身的专业知识向政府部门和社会公众提供专业性的政策建议，确保其他治理主体在科技治理议题中政策诉求表达的准确到位，减少对自身话语权和政策活动空间造成的损害，重塑并维护科学共同体的权威。① 在制度化科技咨询服务中，要注重与专业化的 NGO 组织和新闻媒体合作，以多方协商避免政策建议片面化，在科技治理主体间形成并巩固彼此的信任。为此，广东省政府就注重构建科技咨询体制，提升广东省政府科技治理能力，增强科学共同体的治理权威。在科技治理实践中，广东省政府认识到要提高科学决策能力，首要的就是完善科技决策咨询体系。要强化省政府科技咨询委员会的职能，鼓励吸纳国外大型企业、知名学者、民间智库等作为成员，定期召开研讨会并提交咨询报告，为政府研究和制定科技创新政策提供咨询。推进政府科技决策咨询智库建设，加强国际科技创新战略与政策跟踪学习与国际对标，为政府制定科技创新政策提供咨询参考。创新议事决策方式，建立健全公众参与、重大决策集体讨论等制度，完善立项决策会商制度、重大项目论证制度、项目立

---

① 贾宝余．中国转基因作物决策 30 年：历史回顾与科学家角色扮演［J］．自然辩证法研究，2016（7）：29-34.

项评审评估及决策机制，对决策过程进行控制。建立企业与高层次政府开展创新对话机制，发挥企业技术创新优势，加大企业对创新决策的影响力。①

以科技咨询服务为中介，提供技术信息共享和政策建议服务，丰富科技治理主体间合作层次，降低政策共识达成的难度，增强科技治理主体间政策博弈的透明度，以减少暗箱操作现象，减少对其他科技治理主体利益的侵犯。但在制度化的科技咨询体系运作中，要注重科技咨询信息来源的公开、透明、准确，确保其他治理主体可以对其公正性和合理性进行监督。科学共同体发表政策建议时，要降低决策性政策建议比重，平等对待科学共同体、政府、市场主体和社会公众。科学共同体要针对科技议题治理环节提供政策建议，评估技术风险和治理难度，成为技术信息的提供者和政策建议的表达者与评估者，以公平开放的治理态度增强自身的治理权威，弥补治理主体间因认知偏差导致的信任缺失，推动科技治理议题实践顺利开展。在福建科技治理体系建设中，福建省科学工作者及各类研发机构以服务全省经济社会发展为目标，在行业、区域提出的发展思路、决策咨询等方面积极建言献策，聚焦福建省经济社会发展中的重点、难点和热点问题，特别是调结构、促转型、助升级、惠民生等重大问题，采取提交政协提案、科技工作者建议等方式为福建经济社会发展服务。牵头协调中国工程院 40 多位院士专家，深入泉州 40 多家制造业重点企业调研，考察指导泉州智能装备产业发展。邀请院士专家到龙岩、三明、莆田等地考察，达成核辐照加工技术项目合作协议，与中科动力（福建）新能源汽车有限公司共建研发中心，与福建新世纪电子材料有限公司开展“手机背光源的薄膜关键技术及产业化”等项目合作。

制度化的科技咨询体制，其运作的有效性取决于覆盖主体的广度和主体接受的深度。缺乏科技治理主体认可、接纳与使用的科技咨询体制只是科学共同体自我的政策表达。没有足够的政策影响力就无法影响科技治理进程。为实现科技咨询体制的顺利运作，要构建开放的科技交流机制，确保科技咨

① 胡海鹏，袁永，康捷．国际科技创新治理体系建设经验及对广东的启示［J］．科学管理研究，2019（1）：113-116.

询活动的公开透明，打造一批专业性与独立性较强的科技咨询机构，实现咨询意见的开放获取与意见征询群体的多元化。鉴于科技风险的不确定性和不可计算性，科技咨询中要引入公众的私人知识、其他科技治理主体的经验知识、治理区域的地方知识和文化价值观念，确保各科技治理主体对科技咨询结果的接纳和认可，助推科学知识、地方性知识与社会价值观的有机结合。既要通过多样的科技咨询方法和规范性的科技咨询程序确保结果的公平、公正与公开，又要确保科技咨询内容和咨询群体的全面性和多元化。为此，要进一步重视科学技术协会的作用，尤其是发挥其在科技咨询、科学普及及文化创新等方面的作用。根据相关统计数据，中国科学技术协会在2015年成功举办了全国科技活动周、科普日、知识产权宣传周、“共和国脊梁——科学大师名校宣传工程”会演、“科技梦·中国梦——中国现代科学家主题展”等重大科普宣传活动，进一步促进了科学普及，弘扬了创新文化。基本建立国家创新调查制度，初步形成以国家创新指数报告等为代表的创新调查核心报告体系。中宣部加强科技领域重要文件、重大活动、重大成就、先进人物的宣传，讲好科技故事，弘扬科学精神，增进改革共识，引导社会预期，取得良好社会效益。中国科协牵头深入实施《全民科学素质行动计划纲要》，2015年我国公民具备科学素质的比例达到6.2%，超额完成“十二五”既定目标；启动科普信息化建设工程，“开源、众创、分享”的科普信息上线3个月浏览量超过12亿人次；会同中宣部、财政部推动全国科技馆免费开放，已实现92家免费开放。中国科学院、科技部联合推动中国科学院科普工作[①]。通过人员选取、咨询运作和咨询意见获取来确保整个咨询和决策环节的透明度，扩大科技咨询中外部专家（尤其是利益牵涉较少的专家）意见的采纳比重。

二、以科技对话机制促进科技治理主体参与

在科技治理实践中，科学共同体占据技术和信息优势，但在资金、政策

① 彭森．中国改革年鉴2016［M］．北京：中国经济体制改革杂志社，2016：226.

等方面对其他主体依赖性增强。科研活动的开展和技术应用的推广单靠科学共同体已无法实现。只有通过科技治理主体间的对话合作和开放参与，引导其他治理主体有序参与科技治理实践，才能有效化解科技治理阻滞，减少科技治理主体间的矛盾对抗。

“后学院科学”时代科学共同体更多采取对话合作的形式，除了研发资金与科技政策因素的考量外，还因为科学共同体也无法对技术风险做出准确判断。科学共同体也希望通过对话沟通达成政策共识与集体选择，从而更好履行公共责任，提供负责任的政策建议。“寻找到各方面都能认可的普遍规范，达成共识，共识的过程是合理论证的过程，是商谈者证明其合理动机的过程。哈贝马斯强调论证过程中的充分自由，交往主体之间既不受外界的压力，也没有内在的强制，完全处于自由、自主、自律状态，而且相互之间处于平等的对话关系。”通过商谈伦理落实技术责任，有利于整合个人、社团与政府多方面的力量，在承担技术责任方面提供有力的保障。[①] 在面对技术风险时，科学共同体同样有自己的价值预设和价值判断，并依据其展开科技治理实践。各科技治理主体的价值预设和价值判断，都是从自我利益出发的，彼此并无对错优劣。由科学共同体牵头开展的对话合作，是为熟悉和把握治理主体在相关治理议题上的价值判断与认知倾向，洞察其背后隐藏的价值观念，为协商对话体系的构建扫清认知阻碍，促进治理主体间平等、开放的协商互动体系的建立和顺利运作。

对话合作机制是科技治理中科技民主的体现，将政府、科学共同体、社会公众在科技治理议程中放在相对平等的地位，以动态、互动、平等的对话取代单一主体输出政策造成的认知分歧，提升公民科学素养，凝聚治理共识。通过建构多元伙伴式关系，将科技治理主体均纳入对话机制，给予各方平等地位，并以规章制度的形式予以明确和固定。在对话机制中，搭建知识进入政策体制的平台。在议程设置阶段，专家作用的发挥，是通过建立引导机制

① 方秋明．论技术责任及其落实——走责任伦理与商谈伦理之路［J］．科技进步与对策，2007（5）：47-50.

为知识进入政策体制提供一个合理平台，以科学的、客观的专业知识与技术为中心，通过建立官员与专家对化学的输入—输出交流，引导官员关注社会问题，使问题进入决策者的视野，得到决策者的关注①。建构多元伙伴关系，治理主体间平等对话地位的制度化，都是为了确保科技治理议题在政策实践环节中的公开公正，各治理主体可以顺畅地表达自身的政策诉求而不是被忽视。在“后学院科学”时代，地方性知识、个人经验判断、区域范围内民众的价值取向和判断标准同样成为判断技术成果合理性的重要因素。这种趋势可以确保不同知识体系和经验判断都可以被决策者尊重，而非排除在政策议程之外，鼓励各方表达自身的政策诉求，体现出科学共同体对其他治理主体的尊重和信赖。

在科技治理议题的政策议程环节，达成政策共识与拟定实施细则需要各方共同参与，任何一方都不能单方面做出政策决议并强加给其他治理主体尤其是社会公众。哈贝马斯指出，“规范也只有通过论辩话语、实践话语的方式得到主体间的认同方可确立，才可能具有普遍的意义，真理与合理性就潜在地存在于真实、真诚与正当的交谈中，通过自由、平等的对话和交流，达成相互理解，形成共识”。社会生活规范和共识达成的主体间性途径需要相关者都应参与到对规范的商谈、讨论中，共同寻求一致性的意见。在规范形成过程中，每个人的观点和利益都将得到承认和尊重，每个人都要不断地包容和理解他人。规定参与者的职责和义务，同时尊重个体性的选择权利和发展余地，以保持话语实践的开放性和发展性②。当前，任何一项技术应用都附带一定的社会价值倾向和利益诉求，包含治理主体认可的道德规范，并在技术设计的前期环节就通过价值敏感性设计将其注入其中。为更好地借助科技治理工具（如价值敏感性设计）将主体间政策共识和价值规范融入技术设计中，仅靠科学共同体是很难达成的，需要多元治理主体经过规范的协商对

① 朱伟．民意、知识与权力——政策制定过程中公众、专家与政府的互动模式研究［M］．南京：南京大学出版社，2014：199.

② 陈国庆，邹小婷．哈贝马斯的商谈伦理及其合理性维度［J］．理论导刊，2013（8）：48-51，58.

话和博弈合作才能完成。

以科学共同体为主导的对话机制是为各治理主体提供一个意见交流与矛盾调和的平台，避免矛盾的激化和冲突的加剧，增强治理主体间的凝聚力，维护主体的合法权益。通过建立和完善对话机制，可以开辟一条第三方参与的科学治理进路，以第三方主体之间的对话所达成的政策共识来影响科技治理进程，在科技治理实践中谋取更多的政策空间。对话机制与政府构建的主体间的交流平台的最大不同在于，重视非制度性因素的作用，增强治理主体间的非制度性信任。以科学共同体为主导的对话机制，通过治理主体间开放式的交流互动，避免僵化的对话程序对治理进程带来的消极影响。

第五章　完善社会公众参与体系，推进治理进程

在我国科技治理体系构建过程中，社会公众与政府、科学共同体共同构成参与主体。社会公众的成熟度与参与科技治理实践的成效关系到科技治理议题的顺利解决。在以政府为主导的科技治理体系中，社会公众是多主体参与机制有序运行的关键补充，是衡量治理民主性、公开性、公正性的重要参考因素。本书中的公民社会是介于国家和科学共同体之间的中间领域，是政府系统与科学共同体之外的所有民间组织或民间关系的综合，是一种民间公共领域①，由各种非政府组织、民间机构、新闻媒体组成。在科技治理实践中，社会公众作为第三方主体，依托法律法规与政策机制，参与议题发起与确定、政策起草与拟定、政策执行与监督等环节，通过表达政策诉求与强化主体互动来提升治理话语权，尤其是新闻媒体和专业性的非政府组织，借助自身对信息的把握和对科技治理议题的准确理解，深度参与科技治理进程。

在“后学院科学”时代，科技研发应用实践中不确定性和决策风险增强，政策争端增多并对政策执行产生一定阻碍，营造开放、透明、公正的参与环境就显得尤为重要。Braun 和 Kropp（2010）指出，科技风险的无法预知

① 此处概念参考自俞可平的《中国公民社会的制度环境》一书，借鉴其从政治学和社会学角度对公民社会做出的划分（俞可平．中国公民社会的制度环境［M］．北京：北京大学出版社，2006：2）。

与技术应用负面后果的难以承受，科学共同体难以保持价值中立的立场去提供客观可靠的知识，各科技治理主体已经不能再单纯依靠技术专家的建议展开科技治理决策，要重视地方性知识和社会价值观因素的影响，扩大社会公众在科技治理环节中的参与面，并给予一定的制度保障，[①] 确保政策议程向每一个科技治理主体开放，打破原有的政府垄断格局，促使科技治理实现政府主导、科学共同体执行、社会公众深度参与的政策格局。在我国科技治理体系中，要重视对社会公众的培育，变革以往单纯依靠政府资金投入、人才保障和科学共同体负责科技研发的格局，以民主协商和公众参与克服专家治理困境，减少政府对具体治理议程的干预，转向建构治理制度与完善科技咨询程序，拓宽媒体介入范围，重视专业性非政府组织的作用，完善社会公众参与体系，推进多元主体参与机制建设。

第一节　非政府组织助推多主体互动合作

非政府组织是社会公众参与体系的重要组成部分，可以整合某一领域或区域内的公众参与意愿，依托科技治理体系，聚合社会公众的政策诉求，助推科技治理进程。公民社会是一个由多元开放的民间组织所组成的社会，作为公民社会的核心要素，一个功能清晰、目标明确、活动规范、独立自主、能力卓越的民间组织体现出一个国家或地区公民社会的成熟度[②]，而非政府组织则是此类民间组织中的代表。非政府组织是连接科学共同体、政府、社会公众之间的桥梁，同普通公众和新闻媒体相比，非政府组织专业性强，制度架构较规范，可以有效开展知识共享与技术信息传播，协调科技治理主体

① Braun K，Kropp C. Beyond Speaking Truth：Institutional Responses to Uncertainty in Scientific Governance［J］. Science，Technology & Human Values，2010，35（6）：771-782.

② 党秀云. 公民社会与公共治理［M］. 北京：国家行政学院出版社，2014：128.

间的矛盾并化解认知分歧。

在科技治理议程中，个体诉求很难得到其他治理主体的认可与尊重，政府和科学共同体对其重视程度不够，甚至无法找到合适的发声渠道。但非政府组织可以通过共同的政策诉求将个体公众聚合在一起，发出集体的声音，形成一种重要的参与力量，引起政府和科学共同体的重视，增强社会公众的政策影响力。非政府组织可以在组织内达成专业水平较高的政策共识，再同其他科技治理主体展开合作。非政府组织通过聚合公众的政策诉求，既为公众表达政策意愿，也提升自身在科技治理实践中的话语权和影响力，避免政府大规模收集民意导致的行政成本提升与对民意的二次加工。经过提炼和凝聚后的整体利益诉求，也较单一公众的政策诉求更具有执行性。非政府组织作为科技治理中多主体参与机制的重要组成部分，往往能够成为行政主体间沟通的桥梁，而且通过不同非政府组织内部间的信息交流与资源共享，帮助政府、科学共同体、社会公众、新闻媒体更好地推进科技治理实践。

一、以互动合作参与政府治理实践

非政府组织本身并不具备参与科技治理实践的权力，其权力是公众与政府的让渡，权力的行使需要得到政府许可。在科技议题治理实践中，非政府组织可以监督科技治理资源使用，参与游戏规则的拟定，通过政府服务外包提供部分公共服务，整合社会公众的政策诉求。非政府组织在前沿科技议题上依靠内部成员的专业性可以发出不容其他治理主体忽视的政策建议，监督科学共同体合理分配与使用科技资源，避免滥用权力和浪费资源。通过整合民众的政策诉求，拓展自身在科技治理议程中的政策活动空间，在集体行动规则拟定与政策执行细则施行中提高话语权，维护所在群体的合法权益。非政府组织在全球科技治理实践中也扮演着重要角色，可以参与到相关行业标准的拟定，调和主权国家间错综复杂的利益诉求并达成一定的共识。同时，非政府组织通过对政府部门及其公职人员的游说，推动政府调整在部分科技政策制定和执行上的倾向性，提高自身在科技治理实践中的影响力。

作为政府、科学共同体与社会公众之间联系的纽带，非政府组织可以聚合公众政策诉求，维护所在群体的合法权益。在公共服务领域与其他治理主体展开合作，调和各方政策诉求并推动治理共识的达成。在科技治理实践中，政府将非政府组织视为合作者，通过资源倾斜、政策扶持、财政资助等形式，帮助非政府组织参与科技治理实践。非政府组织的政策诉求是明确的，依托组织成员在治理议题上的专业看法，聚合公众的治理意愿，通过政策咨询与科技中介服务，介入科技治理运作过程。非政府组织还可以通过政府及科学共同体的权力共享，推动科技治理议题目标拟定和政策执行。

科技治理议题因牵扯多方主体，不同利益诉求和价值观相互交织，单靠规则制度很难达成政策共识，需要发挥正式与非正式体系的作用。政府与科学共同体主导参与的科技治理体系较为正式规范，可以聚合治理主体参与政策议程，但也缺乏足够的弹性，很难在错综复杂的科技治理形势下灵活调整科技治理行为。而非政府组织的运行机制弹性较强，制度框架对非政府组织的限制较弱，它可以更为灵活地调整自己的政策诉求和治理行为，在科技治理实践中扮演着“黏合剂”的角色，调和科技治理主体间的政策诉求，提升科技治理绩效。在全球科技治理实践中，非政府组织同样发挥着重要作用。它们通过与本国政府展开合作，接受政府的资金扶持与政策倾斜，帮助政府在全球范围内开展科技治理合作，为企业提供科技咨询服务。德国政府就将非政府组织纳入本国科技治理体系，并在处理全球性科技事务与发展全球科技合作事项时，将非政府组织作为重要的执行者。在促进技术成果转化和创新创业服务方面，德国商会全方位提供法律、投资、销售采购、贸易促进、招聘培训、展会支持、签证、翻译等专业技术服务，主要由德国联邦经济与技术部提供资金支持，仅向企业收取少量费用。①

非政府组织是我国科技治理体系的重要组成部分，以中国科协及各专业协会为代表在科技治理实践中发挥着重要作用，可以巩固科技治理主体间的

① 陈强．德国科技创新体系的治理特征及实践启示［J］．社会科学，2015（8）：14-20.

信任度，提升公民的科学素养，完善科技咨询体系。我国的非政府组织长期参与科技实践，在中国科学技术协会的领导下组织架构完善，行业性与专业性并重，其组织成员往往是各领域的从业人员，并且与其他社会群体联系紧密。“科技社团、行业协会是典型的科技非政府组织和科技决策参与的重要力量。”“科技非政府组织主要指在科技领域开展活动的 NGO。它是依法建立的非政府、非企业、非党派性质的，致力于解决社会性科技问题的，基于志愿的和自主管理的非营利性组织。”科技非政府组织主要包括社会团体中的专业性学会、研究会、行业协会和综合性科技协会，部分非营利性事业单位和社会中介机构，以及科技领域的基金会。① 尤其是以中国科协和地方科协为代表，它们通过所属的各个专业性行业协会以及协会会员，在我国科技治理实践中有效承接政府部分科技治理职能，推进我国科技治理实践进程。比如，福建省科协明确自身定位，发掘自身在联系上级部门和科研院所方面的潜力，展开“院士专家八闽行”等活动，引进省外乃至海外治理资源，加快省内外技术交流和人才流动的效率，有效推动福建科研成果研发转化。十三年的时间，共邀请“两院”院士 3783 人次、专家 11629 人次来闽，引进院士专家成果项目 4433 项，与企业签约项目 265 项，金额 208 亿元；建立院士专家工作站 129 家，进站院士 117 名、专家 757 名，合作项目 442 项，共有 33 人次院士受聘为福建省各级政府科技顾问。② 在此基础上，争取了中国科协、中国科学院、中国工程院等国家最高科技学术机构参与主办中国・海峡项目成果交易会（“6・18”）活动。开展中国科协的海外智力行动为福建经济社会发展服务。近年来，引进的专家在福建各地创办高科技企业，产生了较好的经济社会效益，是中国科协和福建科协合力推动海外智力行动并取得具体成效的典范。中国工程院化工、冶金与材料工程第十届学术会议在福州召开期间，为企业提出发展方向建议 26 条，帮助企业解决技术难题 45 个，达成

① 陈家昌．我国科技非政府组织的决策参与问题探析［J］．科学学与科学技术管理，2007（11）：29-32，47.

② 游建胜．福建科协事业发展的实践与探索［J］．学会，2014（10）：36-41，46.

长期合作意向39项。组织院士深入企业推进创新。牵头协调中国工程院40多位院士专家，深入泉州40多家制造业重点企业调研，考察指导泉州智能装备产业发展。福建省政府出台《关于支持泉州加快推进“数控一代”促进智能装备产业发展的若干措施》。以院士专家“农业行”“核电行”“能源行”“海洋行”等为载体，组织35人次院士到全省各地企业，赴82家企事业单位，开展专题培训，帮助解决技术难题。邀请院士专家到龙岩、三明、莆田等地考察，达成核辐照加工技术项目合作协议，与中科动力（福建）新能源汽车有限公司共建研发中心，与福建新世纪电子材料有限公司开展“手机背光源的薄膜关键技术及产业化”等项目合作。福州、泉州、三明、漳州院士专家工作站建设走在全省前列。推进金桥工程建设。通过架设金桥帮助各地企业与院士专家对接项目148项，其中《莆田南日列岛海洋牧场规划研究》项目总投资达35亿元。省科协还积极协助中国工程院开展“生态文明建设若干战略问题研究”“海峡西岸经济生态环境安全与可持续发展研究”等重大决策课题研究，在推动福建成为全国生态文明示范区建设方面发挥了重要作用。积极发展与国际科技团体友好合作关系，加强与美国鹤庐亚洲文化中心、瑞士瑞中经济科技文化交流中心、澳中企业家协会、荷兰瓦格林根大学、德国特里尔应用科技大学、德国BARTH创新咨询公司等国际科技机构、科技社团的合作关系，在高新成果和高端人才引进、科技场馆建设、科普传播、学术交流等领域深化合作。与美国鹤庐亚洲文化中心合作举办11届福建省国际英语科普夏令营。

福建省科协资助省级学会等单位开展重点学术活动125项。福建省科协发挥自身优势，以“省科协学术沙龙”为着力点，围绕经济建设和社会发展，努力打造高端学术平台，取得了丰硕的成果。从2013年起，福建省科协相继以“船舶产业发展”“纺织服装产业发展”“H7N9综合防控”“综合利用海洋资源，推动海洋经济发展”为主题，组织了4场高层次学术沙龙，每期学术沙龙都紧密围绕地方产业提升和行业热点，邀请有关领导、企业家和省外、境外的专家参加，由1~2位省内外知名科学家领衔，引起了政府和社

会的热烈反响。例如，针对福建省船舶产业发展，提出加快船舶企业兼并重组和转型升级，发展海洋装备制造业产品，促进金融企业与造船企业相结合，加大对船舶产业的金融支持，加快游艇产业发展等对策建议；针对福建纺织产业发展，提出研究制定解决原产品差价，鼓励支持新产品、新技术研发，积极拓展海外业务支持等对策建议省领导对学术沙龙形成的成果十分重视，先后多次批转至有关部门作为决策参考的依据。同时，福建省科协还创办了《福建科技报》、《科协快讯》、海峡科普网等科协报刊网站，广泛宣传闽籍院士专家、科技获奖者、基层先进科技工作者、企业“讲比”活动先进个人、农村科普带头人等典型事迹，积极营造尊重劳动、尊重知识、尊重人才、尊重创造的良好氛围。省科协积极稳妥做好省科技馆、省科技进修学院、省青少年科技服务中心、省闽台科技交流中心、省科技咨询中心等直属单位主动承接科协职能，有力配合中心工作。

非政府组织的有序运行离不开政府的支持，协助政府开展科技议题治理实践，但并不能将非政府组织视为政府的组成部分。非政府组织作为独立治理主体参与科技治理议程，与政府展开的互助合作是为实现组织诉求与发展目标，维护组织成员的利益。非政府组织在与政府展开互助合作实践中，依据双方诉求与科技治理议题形势的变化，不断调整双方关系，既有合作与互补，也有对抗与冲突，更有为实现共赢而对彼此的笼络与扶持。互补关系的维系，源于双方政策共识的达成与合作共赢的实现；冲突与笼络，可以看作双方的博弈，而并不能简单地看作是互助合作过程的消极因素，而是作为一种政策博弈推动着双方在科技治理实践进程中合作的深入。

二、以机制建设促进社会公众参与体系完善

非政府组织作为社会公众参与体系的重要组成部分，以互助合作的形式参与科技治理实践，通过服务外包、参与式合作、政策建议等形式表达成员诉求。非政府组织作用的发挥依赖其他治理主体的认可，需要政府将其纳入科技治理实践而不是游离在外。但是，为了保持非政府组织的相对独立性，

有效反馈成员诉求，非政府组织要在组织运作层面降低对政府的依赖。通过加强机制建设，明确法权关系，可以帮助非政府组织更好地履行职责。为此，要在法律和政治层面明确非政府组织的角色定位与权责划分，推动非政府组织的健康发展，增强社会公众在科技治理议题中的话语权，从而构建起动态互动的主体关系，进而完善我国科技治理体系。

在科技治理实践中，非政府组织的机制建设主要围绕竞争机制、独立的第三方评估制度、信息披露机制、监管机制展开。非政府组织的竞争机制是指其围绕知识传播与信息共享，依托其成员的专业性准确把握科技治理议题，与科学共同体展开对话，打破科技治理实践进程中的政策僵局，确保治理主体间关系达成动态平衡。第三方评估制度是非政府组织介入科技治理议题的主要方式，通过独立性较强的第三方评估规避同行评估的弊端。政府是科技治理资源的分配者与政策制定者，科学共同体是政策执行者与资源使用者，非政府组织对两大治理主体的治理绩效进行评估，可以增强社会公众的话语权和影响力。信息披露机制是指非政府组织通过与政府、科学共同体的合作，发挥在信息收集、整理与发布上的优势，打破治理垄断，避免因信息闭塞造成的主体间对抗，通过全面参与政策议程并就政策建议的接纳情况予以跟踪关注和及时反馈，提高科技治理实践的公开性与透明度。监管机制主要是指通过强化非政府组织间的交流合作，实现信息、人员与设备的共享，确保政策议程的执行不会偏离政策共识。

在我国科技治理体系中，非政府组织作用的发挥主要借助于中国科协及其下属各专业技术协会。以福建省科学技术协会在福建科技治理体系中的角色定位和影响力发挥为例，福建省科协在福建省科技战略规划和科技发展政策制定等方面发挥积极作用。福建省科协充分发挥科协年会在学术交流中的高端引领作用，通过举办高端战略论坛，组织各协会的高层次专家围绕福建科技发展的主攻方向进行专题研讨并提出政策建议。充分发挥协会联系科技工作者与产业界的桥梁和纽带作用，探索出多种符合福建不同地区各类行业现状的特色服务方式，将人才、技术、设备、资金等各类创新要素向重点发

展地区、重要企业集聚，推动产学研创新模式的有效运行。积极构建以各级专业学会、各级科协、企业为主体的技术服务体系为福建科技治理实践服务，为各方搭建技术转移信息服务平台。加强冶金、化工、材料学会之间，气象、昆虫、农业、林业学会之间的交叉协作，大力开展会企合作、校企合作，鼓励技术创新、产品创新、管理创新和商业模式创新，为福建科技治理实践服务。

为更好地发挥非政府组织作用，推动科技治理主体合作，要继续扩展非政府组织与政府在公共领域的自由对话空间，建立社会信任机制、信息共享机制，政府与非政府组织之间的对话协商机制，需要与公共权力机构保持平等的对话，公共权力机构和理性意见社群的平等互动需要进行制度化的安排，拓展非政府组织的自主性空间①。非政府组织通过机制保障，凝聚社会公众力量，凭借自身在科技治理议题认知上的专业性，与政府、科学共同体展开政策博弈，从而有效参与科技治理实践。非政府组织可以接受政府委托参与公共事务，通过不断地游说、倡导等策略对政府的公共事务决策产生影响，并作为政府的专业智囊机构协助政府开展专业性工作。同时还可以代表市民或积极服务于市民参与公共事务。对市民的教育与引导，沟通市民与政府的立场、观点、意见等，为公众提供专业或信息服务，方便其对公共事务的参与、决策等，非政府组织一般都较为注重引导与动员民众参与公共事务②。

第二节　新闻媒体传播监督机制

与其他科技治理主体相比，新闻媒体很少直接参与科技治理的议题发起、政策拟定、决策执行，而是关注议题沟通与信息传播、治理主体间信任的维

① 陈华．吸纳与合作：非政府组织与中国社会管理［M］．北京：社会科学文献出版社，2011：184-196.

② 蔡定剑．公众参与：欧洲的制度和经验［M］．北京：法律出版社，2009：76-81.

护，是各治理主体对话的桥梁和纽带。在科技治理实践中，新闻媒体充分运用现代信息技术，确保信息收集、获取、传播、共享的便捷和有效。为更好地调和主体间利益诉求并达成政策共识，新闻媒体更为重视报道的准确性，负责任地传播科技信息是今后新闻媒体参与科技治理进程的主要趋势。媒体在科技议题治理环节发挥着监督、沟通与评介的作用，推动治理主体间的协商对话，整合社会公众及其成员利益诉求与政策建议，提高对政策拟定与政策执行的影响力；通过科学普及与传播，提高公民科学素养，正确认知和判断科技治理议题，消除科技治理主体间认知分歧，巩固对话合作的基础。

一、借助宣传导向机制，克服专家治理困境

新媒体技术的发展有助于新闻媒体在社会信息传播、共享中发挥更重要的作用，通过接收、整合、传播信息，加工、共享技术应用信息，新闻媒体可以为科技治理主体搭建信息传递的桥梁，确保信息传递的及时高效，减少冗杂信息对主体决策的干扰。当然，技术信息的传播必然会带来二次加工现象，加入新闻媒体对技术信息的判断，这在一定程度上可以降低社会公众对前沿科技议题的理解难度，帮助其形成正确认知，强化主体间的互动交流，克服单一技术专家治理所导致的价值对立。

“在传统政策文化中，包含复杂的社会、心理、行为等因素的决策问题，往往被局限在纯科学议程中，排斥公众参与和政治智慧。缺乏认识主体和视角多元化的认识模式，在界定和解决复杂的社会—自然问题时，不免视野狭隘或偏颇，造成知识本身的欠缺，以及它所服务的公共政策的失败；无力管理科技的不确定性和技术风险，也无力应对科学与政策之间的‘超科学’领域中涌动的社会动力，也无视和无力应对具体如环境影响、社会后果、社会公平等问题，导致政策/政治行动能力不足。这些都使科技体制面临着对其公正性与客观性、责任性、知识质量（内容和生产方式）、效能与效率等方面

的质疑。”[①] 技术专家主导的科技治理实践，如果不引入其他主体参与其中，尤其是通过新闻媒体推动技术信息的传播共享，极易出现治理停滞。技术专家往往出于自身和资方的利益诉求，忽视公众的政策诉求和地方性价值观念，在政策拟定中只考虑技术应用本身，很容易出现主体对抗。专家治理困境的出现，与公众获取知识、媒体传播倾向和科技研发人员互动交流方式之间的矛盾对抗有关，与技术专家总是将与公众利益有密切关系的科技研发应用简单归结为知识层面的问题，倡导以技术的发展创新来应对研发实践环节出现的技术风险，而不是通过扩大参与和权力分享去解决主体间的矛盾。科学共同体缺乏开展主体协商对话的积极主动性，在技术信息的开放获取上缺乏同新闻媒体合作的意愿，回避或者消极抵制技术之外因素对技术研发实践的影响。但是在科技治理实践环节，“不仅拥有知识很重要，呈现知识的形式也同样重要，在涉及转基因等争议话题时尤其如此。在遭遇公众反对的情况下，转基因科研与产业界本该积极探索容易为公众所接受的知识呈现形式。”但是现实情况却并非如此。人们主要通过互联网追踪转基因事件，如果转基因机构的网站质量不高且缺乏有效信息，无疑会大大减少人们对这些专业网站获得相关信息的可能。“面对转基因争议，虽然科学界表现出进行交流的姿态，但其主导思维仍然是加强知识传授。然而，科学家在知识上的强势，并没有为其带来舆论上的主导地位。在社会层面，科学共同体的实证逻辑与媒体时效逻辑的错位构成了支持转基因一方在媒体上的失声。转基因研发机构及其支持者低质量的知识呈现形式进一步减少了转基因知识进入公众视野的机会”[②]。

科学共同体在权力共享与技术开放参与方面，存在语境化问题和缺乏灵活性，统一的科学未必适合解决地方条件下的地方问题[③]，过分关注自身利益，在政策议程中忽视其他主体的利益诉求。在我国转基因作物的风险评估与技术推广中，主流科学家群体与以公共意见领袖为代表的社会公众间产生

---

① 徐凌．试论公众参与科技决策［J］．科学技术与辩证法，2007（2）：94-100，109，112.

② 贾鹤鹏，范敬群．知识与价值的博弈——公众质疑转基因的社会学与心理学因素分析［J］．自然辩证法通讯，2016，38（2）：7-13.

③ 徐凌．试论公众参与科技决策［J］．科学技术与辩证法，2007（2）：94-100，109，112.

较大分歧，主流科学家“主要依据实验数据和结论，以科学安全性为风险评估范围，而未能把社会、环境、伦理等风险考量进来。”忽视社会风险、企图适应所有情境、忽略科学背后的价值导向都使‘坚实科学’模式难以说服公共意见领袖以及社会公众，以致专家在‘崔卢之争’等事件中屡屡受挫[①]。“大科学时代”技术研发实践对资金、设备、人才的庞大需求以及技术应用所附带的巨大经济利益，导致科学共同体价值中立已经实质性丧失，公众对其公正性的质疑不断增强。以技术专家为代表的科学共同体对社会价值观念、地方性知识、区域性公众认知缺乏关注，对共同体成员价值观的塑造和引导重视程度不够。

破除技术专家在科技研发应用环节的垄断以及政策议程中话语权的过度使用，必须开放治理主体参与机制，完善并优化社会制度环境，对其他主体的话语权和参与环境予以制度性保障。在法律层面对科技治理多元参与机制予以明确，营造适宜多主体协商互动的政治环境，确保科技治理议程的公开透明，维护公众的知情权、监督权与建议权。在社会中建立相互尊重、相互磋商的社会文化和政治氛围，确保技术外行成员可以获得对技术问题进行参与的相应权力。既要要求一些社会机构，如企业、大学和社会公益机构要对公众开放，也需要培养公众的共同参与意识和民主性格。[②] 强化科技信息的共享，开放科技信息的获取，加强治理主体间的交流，减少因科技信息匮乏导致的科技治理困境。

新闻媒体应充分利用现代信息技术成果，提升自我的信息收集、二次加工与定向传播能力，确保信息传播的质量与实效。新闻媒体是科技治理信息的集散中心，应主动承担技术信息的收集、整理与传播责任。加强与科学共同体的合作，通过技术信息的二次加工实现负责任传播，帮助其他治理主体准确理解科技治理议题，克服因信息传递不通畅导致的主体间的矛盾分歧。

---

① 黄彪文．转基因争论中的科学理性与社会理性的冲突与对话：基于大数据的分析［J］．自然辩证法研究，2016，32（11）：60-65.

② 张慧敏，陈凡．论技术决策中的公众参与［J］．科学学研究，2004（5）：476-481.

美国在2014年5月开启的“开放数据行动计划”就要求各联邦机构利用各种反馈机制，借助信息媒体和开放性的数据获取网站，通过与公共和私人机构合作，共同遴选和发布政府数据，形成全社会可发现、计算机可读、可灵活利用的开放数据。[①] 新闻媒体要以主动、负责的态度来应对专业性强、信息量大的科技信息，打破科学共同体对技术信息的垄断，杜绝科学共同体消极对待信息传播和共享行为，以晦涩的专业术语阻碍其他主体对科技治理议题的理解，减少科学共同体以技术神秘化来规避其他治理主体知识共享诉求的抵制。同时，新闻媒体要努力打破专业性学术期刊流通性较差的现状，加强科技期刊数据库建设，通过多元主体间的合作，借助科学共同体，将专业性学术期刊数据引入公共数据库，降低科技治理信息获取难度。

二、加强监督反馈机制建设，强化治理主体间信任度

科技治理的监督反馈机制是各方政策博弈的产物，各方主体明确自身的职责责任，新闻媒体是技术信息收集与释放的聚合点，其借助监督反馈机制来整合主体诉求，增强协商对话开启与达成政策共识的可能性。媒体通过对信息的信源、传递方式、数量，以及信息接收者的背景、文化、心理及生理因素[②]的关注，聚合社会公众及其成员的力量，提高参与科技治理实践的积极性。由于地方政治传统、文化价值观、民众科学素养、科技治理政策执行者素养的差异，科技治理实践中易出现政策目标偏移、执行阻滞、治理绩效不显著等问题。科技治理实践也表明，单一治理体系内部的监督往往是低效且缓慢的，无法及时准确地针对政策困境做出反馈，导致科技治理资源的巨大浪费，并引发治理主体间的不信任和对抗。为推进科技治理实践进程，新闻媒体通过监督反馈机制，扩展人们获取信息的渠道，丰富人们参与监督的方式，推进并拓展人们直接参与舆论监督的深度和广度，为公众和政府之间

---

① 国际科技战略与政策年度观察研究组．国际科技战略与政策年度观察2015［M］．北京：科学出版社，2016：137-138.

② 魏然，周树华，罗文辉．媒介效果与社会变迁［M］．北京：中国人民大学出版社，2016：349.

的直接对话提供新渠道[①]，在政策议程前期减少主体认知分歧并达成政策共识，在政策执行环节及时把握各主体对政策的接受程度，及时调整政策目标与政策执行的重点。

在科技治理实践环节，新闻媒体的外部监督机制可以有效监督政府和科学共同体的治理行为与治理绩效，督促政府与科学共同体加快权力共享进程，完善民主协商机制，减少治理进程中的灰色交易和暗箱操作，避免权力寻租，维护其他治理主体的合法权益。各治理主体及其成员利用新媒介技术，借助政策网络，通过信息处理与传播确保主体博弈过程的通畅，聚焦公共注意力，将自己提供的框架、事实转化为符号化的新闻信息、新闻框架，以影响公众舆论及行为[②]，以媒体为联结点处理与发布治理信息，可以提升信息传递的速度与效率。通过技术信息的开放获取，加快信息流动，确保各方可以获得足够的信息来了解彼此的政策诉求，为下一步的协商对话奠定基础。

在热点科技治理议题上，新闻媒体要展开主动合作与交流，全程参与科技治理政策议程，加强治理主体间的沟通，实现信息传播报道的及时有效。新闻媒体要扩大覆盖范围，打破新闻媒体的行业边界，将科技工作者纳入其中，确保技术信息二次加工与传播报道的准确性。在有效发挥新闻媒体作用方面，英国政府就鼓励科学工作者与新闻媒体展开合作，监督科技项目的执行效果，公众理解科学委员会制订了实行媒体伙伴关系计划，创办了 Alpha Galileo 网站，促进媒体与科学共同体之间的合作，鼓励受资助者在科学以外从事传播及外展工作，并对其展开传播学培训，帮助其与媒体展开有效合作，并确保政策资金接收方将科研成果与公众分享和传播是其必要的责任[③]。为改变专家学者与政府管理机构对治理话语权的控制，新闻媒体要主动与科学共同体展开合作，加强对科学共同体成员在成果普及和信息传播方面的培训，

① 李伟权，刘新业．新媒体与政府舆论传播［M］．北京：清华大学出版社，2015：16.

② 肖伟．新闻框架论：传播主体的架构与被架构［M］．北京：中国人民大学出版社，2016：183-184.

③ 上议院科学技术特别委员会．科学与社会［M］．张卜天，张东林，译．北京：北京理工大学出版社，2004：44-45.

推动科学知识的传播，提升其他主体成员的科学素养，弱化主体间的认知分歧并达成政策共识。

在转基因治理中，我国的新闻媒体就重视自身的传播导向，重视创新转基因技术科普活动的内容与形式，向公众传播转基因技术研发最新进展，推动公众正确对待转基因作物技术研发活动。同时重视价值观层面的传播教育，寻求三方共同认可的价值标准，以价值的融合、信任的构建和维护、传播的多样与科学为着眼点，提升各方在转基因作物研发推广中的信任程度。“信任、价值和信仰等会持续连贯地影响到人们如何看待一般意义上的科学或特定的技术。它们构成了人们筛选信息的‘认知通道’，可以使人们本能或优先决定选择和接收哪些信息。”“对科学家的信任程度与公众接受转基因等新兴技术有关。因为当公众面对这类新技术时，其现有知识不足以判断这些技术的风险，对科学家或者对代表社会管理风险技术的政府机构的信任可以让他们更容易相信有关部门作出风险可控的结论。这种对政府、科学家以及涉事企业的信任，被称之为体制性信任。”“公众觉察到政府部门或科研机构管控风险的能力以及它们保护公众的意愿，这两点决定了体制性信任的程度。当公众可以觉察出相关政府机构或科学家与他们具有相似的价值立场时，他们就愿意相信政府或科学家有保护自己的意愿，从而产生了体制性信任，不再担忧转基因等潜在风险技术的危险性。”“我们要重新认识现行的大多数转基因科普活动，把重点从‘教育’公众的模式转向融合价值、信任与知识的系统性科学传播。”①

媒体监督可以有效避免政府决策部门与科学共同体对专业意见的忽视，防止政府与科学共同体之间形成利益共谋关系，监督政府与科学共同体合理行使权力，约束政府及科学共同体的治理行为，确保政策方案的拟定与执行充分考虑社会公众的合理诉求，提高科技治理政策的社会接纳度，提升政策议程的公开透明度，以主体参与的有效性提升科技治理绩效。

---

① 贾鹤鹏，范敬群．知识与价值的博弈——公众质疑转基因的社会学与心理学因素分析［J］．自然辩证法通讯，2016（3）：7-13.

第三节 优化公众参与，强化民主协商

社会公众参与科技治理实践应以政府权力让渡为契机，借助民主协商手段的运行，同科学共同体展开对话合作，化解“后学院科学”时代因技术研发应用不确定性导致主体间的质疑和对抗，化解因政府、科学共同体职责不清导致的利益冲突。Irwin（2006）指出科技治理在社会管理实践中的重要性不断加强，离不开复杂治理议题下政府、科学共同体、社会公众三方之间关系的不断调整，是通过多元治理主体以协商对话和政策博弈的形式对复杂治理议题展开交流。科技治理面向以纳米技术、生物技术、核能技术等为代表的前沿技术研发领域，倡导政策实践早期就引入公众参与，在参与渠道和程序方面进一步向公众开放，确保公众及时知晓并参与政策研发设计流程。[①] 科技治理进程中的公众参与可以分为三个维度，直接承担技术风险的人、相关技术研究的直接接受者、使用技术产品的用户，其覆盖范围的广泛性为公众参与科技治理实践提供合法性基础[②]。

民主协商手段的丰富有助于社会公众更有效地参与科技治理议程，借助治理议程民主化程度的提升，优化磋商成本，使政治共同体中的自由平等公民通过参与立法和决策等政治过程，赋予立法和决策以合法性的治理形式[③]。科技治理中的公众参与，是指在治理议题进入政策议程中，从前期的议题发起到政策拟定、执行与监督，与其他社会组织展开对话合作，由政府部门、智库、大学、科研院所等为主要参与主体，扩展为媒体监督、非政府组织深

① Irwin A. The Politics of Talk: Coming to Terms with the “New” Scientific Governance [J]. Social Studies of Science, 2006, 36 (2): 199-320.

② 张慧敏，陈凡．论技术决策中的公众参与［J］．科学学研究，2004（5）：476-481.

③ 毛里西奥·帕瑟林·登特里维斯．作为公共协商的民主：新的视角［M］．王英津，等译．北京：中央编译出版社，2006：139.

度参与、公众有序参与的有机结合。重视公众参与和民主协商，创新治理形式，强化制度供给，增强社会公众的凝聚力，推进科技治理进程。

一、优化制度供给，有序推进公众参与

“后学院科学”时代，科技政策议程中知识布局不断调整，地方性知识与社会价值观重要性提升，知识生产方式发生变革，公众参与科技治理实践能力增强。公众在科技治理实践中会提前介入政策议程，而不是由其他治理主体告知，这有助于拓展参与层级并达成政策共识，消除认知分歧导致的治理阻滞。哈贝马斯就认为其他主体，尤其是社会公众在公共领域的平等开放参与是商谈伦理践行的关键要素，他提出的主体参与的平等、多元、开放、相互尊重、保持治理，针对各类议题展开充分的对话讨论，达成共识与普遍规范，对于公众参与水平的提升意义深远。哈贝马斯认为：“商议民主原则就是要确保所有的人都能够平等、自由地参与到有关社会规范和社会行动的抉择的讨论中。”“公共领域中的商谈无时间界限和社会界限，甚至也没有内容界限。它不承担社会决策的责任，人们在其中可以就各种话题自由地展开讨论。在这种讨论中，人们可以发现生活中的各种问题。但是，社会生活中所出现的问题并不一定受到行政当局或者决策机构的关注。而公共领域具有放大效应。或者说公共领域会把社会生活中的问题加以炒作、放大。这些被炒作和放大的问题就会引起行政决策机构的重视。公共领域也会对需要解决的问题进行讨论，从而为科学决策、政策决策提供参考。同时，理性的讨论也有助于人们正确地认识到自己的利益是否正当，自己所提供的理由是不是被社会大众所接受等。”① 因此，公众要以主动参与融入科技治理实践，赢得话语权和影响力，以互动实践促进治理机制的完善，以政策共识和集体选择应对科技治理难题，以明确的法权关系减少暗箱操作。从公众参与实现的可能性、有效性和适宜度入手，注重制度因素与非制度性因素的有机结合，以

① 王晓升．论国家治理行动的合法性基础——哈贝马斯商议民主理论的一点启示［J］．湖南社会科学，2015（1）：10-15.

参与机制的动态灵活应对科技治理环境的复杂多变。英国的纳米技术治理就体现出制度供给在公众参与中的重要性。Jones（2014）指出，英国纳米技术研发设计与应用中，政府重视开放参与，将公众纳入纳米技术治理中，重视价值因素，提升治理主体间的信任，减少治理实践和技术推广环节的阻碍。在英国纳米技术研发实践中，英国政府重视科学数据的开放共享，降低公众获取技术研发信息的获取难度，确保技术研发符合科学家、科研机构、高新技术企业、政府主管部门、社会团体、民众的预期，公众全方位参与纳米技术设计、研发、应用过程，探索符合英国实际的纳米技术治理模式。①

公众参与的实现程度与知识布局、地方性知识和知识生产方式的变革有关。公众整体受教育水平提升，技术研发应用过程更加重视政策接纳度，科技治理体系中公众地位提升，在制度规划与程序设计上更加重视公众参与。公众和相关团体对包括知识在内的各种资源的调配和使用的便捷程度及权限提升，信息传播技术的发展促进专家知识获取便捷度的提升，大量作为“外行”存在的技术专家具备良好的思维和知识素养。② 可以明确主体行为边界与践行集体选择，准确把握公众诉求，将公众参与视为治理实践的必备环节。Guston（2014）以亚利桑那州立大学纳米技术研发应用为切入点，借助国民技术论坛推动公众参与，为民众提供参与科技治理实践的机会，公民借助媒体或科技社团参与科技研发的前期设计和技术评估，探求在政治与科学之间公民的价值定位。国民技术论坛通过小组成员招募、互联网技术运用、数据分享与讨论、参与者书面建议拟定来运作，通过专业对话和内部互动推动观点形成，与丹麦的共识会议和欧洲传统的参与式技术评估（PTA）有着密切渊源。③

公众参与的有效性是指在科技治理实践中，公众的政策建议可以得到其

① Jones R A L. Reflecting on Public Engagement and Science Policy [J]. Public Understanding of Science, 2014, 23 (1): 27-31.

② 徐凌．试论公众参与科技决策［J］. 科学技术与辩证法，2007（2）：94-100，109，112.

③ Guston D H. Building the Capacity for Public Engagement with Science in the United States [J]. Public Understanding of Science, 2014, 23 (1): 53-59.

他治理主体的认可，利益诉求得到重视，减少政策执行阻滞，达成集体选择。在科技治理实践中，倡导公众参与，是为了更好地实现政策意图与提高政策执行力，但这并不意味着无条件引入公众的政策建议，更不能降低决策的专业性。公众参与的有效性，体现为公众可以获取相关信息并提出自己的意见和表达想法，参与选择方案与评论部分正式方案，得到政府的反馈并被通知进程及结果，并不意味着公众的意见必须被采纳，但应获取不被采纳的公开合理的解释，以及决策如何做出、为什么会这样做出的解释①。提高公众参与的有效性，需要政府和科学共同体重视公众的政策诉求，通过完善政策法规来明确行为边界，减少信任缺失导致的治理主体间的对抗冲突。

公众参与的适宜度，是确保在政策议程中达到政策质量与可接受性之间的均衡，根据外部治理形势变化，动态调整两者的关系，通过构建完善参与程序实现公众参与的合理有序。规划与确定研究领域，分配与布局科技资源，以专业性为主；转化推广技术成果，拟定政策法规，以政策的可接受性为主。从科技治理议程出发，政策议程的发起与拟定要重视技术专家的作用，以价值观为辅助引导，决策者重视政策本身的专业性；在政策执行中，重视公众在制度拟定、资源调配上的监督，实现资源的有效使用；政策监督与反馈中，重视政策可接受性，社会价值观、政治体制、民众意愿与地方性知识的作用增强，政策绩效很大程度上取决于对上述因素的重视。但是，在当前公众参与进程中，公众参与依然面临着参与成本提升的情况。公众参与的局限性体现在“信息成本和经济成本较高。公众参与需要大量的信息，公众应能获得公共当局所持有的有关环境的资料，包括关于在其社区内的危险物质和活动的资料。但一些地方政府在环境问题上向外界公开资料的程度较低，使得公众的知情权受阻。社会公众要想获得有关环境问题的信息，就必须付出大量的成本进行实地考察，这些经费和技术方面倘若无保障，就无法调动公众的参与。”②

---

① 蔡定剑．公众参与：欧洲的制度和经验［M］．北京：法律出版社，2009：19.

② 杨洪刚．中国环境政策工具的实施效果及其选择研究［D］．上海：复旦大学，2009：145.

公众参与作为科技治理体系的组成部分，其重要性已经得到其他治理主体的认可。但是，公众参与的跟踪反馈机制却并未得到重视。在参与科技治理议题时，公众更多的是借助社会舆论与非正式场合表达意见，无法获得足够的政策影响力，依托其他治理主体表达政策建议，难以保证表达的完整性与准确度，容易出现灰色交易、政策寻租、意图扭曲等现象，破坏主体间的信任，导致参与制度与程序受到破坏。因此，公众参与必须依靠制度支撑，规范参与渠道，构建正式的表达渠道，以非正式场合的意见表达为辅助，提高其他主体对公众诉求的重视程度。政府要继续推进信息公开与决策透明，完善公众参与途径、政策表达渠道与政策参与程序，降低公众参与科技治理的成本。重视治理实践环节的再反馈，即针对公众参与中反馈的意见，政府和科学共同体应该及时处理并将处置过程与结果向公众公布，要强化制度约束，杜绝对公众意见的忽视，提高社会公众参与科技治理的积极性。

公众参与，是民主协商在科技治理实践中的表现形式，也是实现并扩大主体间政策共识的关键。打破政府与科学共同体对科技研发实践环节的垄断，通过主体间权力共享与决策民主，凝聚治理共识，弱化认知分歧。民主协商是一种以公共利益为导向，以平等公民之间的理性协商为基础，能够形成具有民主合法性和集体约束力的决策机制，有助于实现从国家形态的民主向公民形态的民主的转型，促进理性立法、参与政治与公民自治。① 民主协商以公共理性为价值基础，追求政策共识与集体选择的达成，以制度和非制度性信任为主体间关系维护和利益调适的纽带，扩大科技治理主体参与科技治理实践的范围，确保政府、科学共同体与社会公众参与科技治理中的公共决策、资源分配与治理实践，发展主体间的多元参与、合作、协商、伙伴关系，② 以平等协商的方式共同参与公共权力运作与公共政策制定和执行。民主协商是科技治理实践中，治理目标达成与治理绩效提升的保障，而主体间共识的达成则是民主协商实现的前提。为达成政策共识，需要建立得到治理

① 万平，罗洪．民主协商理论渊源探析［J］．前沿，2011（5）：48-52.
② 王春福．多元治理模式与政府行为的公正性［J］．理论探讨，2012（2）：139-143.

主体认可的对话渠道。坚持多元一致和求同存异原则，就科技治理议题展开对话交流，增强治理主体间的信任，巩固集体行动基础。以大众传媒为中介，坚持话语讨论和争辩以公共利益为导向，通过平等社会行动者（包括传媒组织自身）之间理性的公共讨论，人们实现理解的交流，达成“多元一致”，并作出合法决策①。当前，应用较多的公众参与与民主协商形式有混合论坛、焦点小组、公民陪审团、共识会议、价值敏感性设计、技术论坛等。民主协商形式的丰富，并不是单纯削弱某一方主体的地位或影响，而是确保科技治理实践的顺利达成。

二、重视公众评议，推进主体合作

公众评议制度，不同于同行评议和第三方评估，借助新媒体技术与社交软件搭建主体间沟通平台，有效发挥社会公众的参与热情，通过社会舆论的收集与聚合来表达公众意愿，也借助专业性的非政府组织，对政府、科学共同体利用社会资源展开的科技治理实践进行监督评议。公众评议，关注科学家的治理行为，也注重考察科学共同体对其职业道德与伦理规范的坚守，是公众参与科技治理实践的主要方式之一，避免出现政策执行偏差，根据外部治理环境变化，及时变革治理目标。公众评议的有效实现，媒体及其传播机制的创新变革是关键，其独立性与公正性直接影响到公众评议制度作用的发挥。

公众评议，是以个体公民、民间团体、非政府组织为代表的社会公众借助媒体及其社交平台，对科技治理议题展开监督，主动参与科技治理实践，维护主体成员合法权益。在科技治理议题实践中，提高公众的科学素质，推动公众对相关治理议题形成正确的认知，排除负面信息的干扰，充分利用新媒体手段，推动公众评议协调有序地开展。为此，我国将提升公民科学素质作为科技发展规划的重要内容，提出以青少年、农民、城镇劳动者、领导干

① 肖伟．新闻框架论：传播主体的架构与被架构［M］．北京：中国人民大学出版社，2016：191-192.

部和公务员等为重点人群，广泛开展科技教育、传播与普及，提升全民科学素质整体水平。丰富科普资源，增强大众传媒特别是新媒体科技传播能力。全民科学素质建设是政府引导实施、全民广泛参与的社会行动。中国科协是全民科学素质建设的中坚力量，中国科协可促使全民参与国家治理的各个环节，充分发挥民主的理念，为全民提供重要的表达机制，推动国家治理的公众参与机制的完善。为帮助全民参与相关的决策管理活动的公正性与合理性。当前，公民科学素质建设的公共服务能力进一步提升，公民科学素质建设共建机制基本建立，第九次中国公民科学素质调查显示，2015 年我国公民具备科学素质的比例达到 6.20%，较 2010 年的 3.27%提高近 90%，超额完成“十二五”我国公民科学素质水平达到 5%的工作目标，为“十三五”全民科学素质工作奠定坚实基础[①]。借助新媒体技术发展，对政府和科学共同体进行监督，加快技术信息共享服务进程，开放技术成果应用相关的信息获取，为社会公众营造更好的参与环境，增强第三方独立评估比重，减少因信息不足导致的主体间对抗现象。

在提升公民科学素质方面，福建省科协广泛开展“基层科普行动计划”“万名科技工作者服务百万民众行动”等活动，提高五大重点人群科学素质。2013 年省科协启动实施了“万名科技工作者服务百万民众”行动，也就是依托省级学会，每年动员组织万名科技工作者深入基层农村厂矿宣讲科学知识，传播适用技术，服务全省百万人民群众，其中，在科普服务、科技教育培训、实用技术培训等方面，为社会公众服务做出了一定的成绩，除了 2011 年，无论是宣讲活动次数，还是宣讲受众人数都有所增长。[②] 面向农村和农民，深入实施“科普惠农兴村计划”“农村科普三个一工程”，积极开展农函大教学和农村实用技术培训；面向城市居民，实施“社区科普益民计划”“海峡科普大讲坛”等活动；面向广大青少年，开展青少年科技创新大赛、青少年科

① 中华人民共和国国务院．“十三五”国家科技创新规划［M］．北京：人民出版社，2016：135-138.

② 中国科学技术协会．中国科学技术协会统计年鉴［M］．北京：中国科学技术出版社，2011，2012，2013，2014.

学调查体验、明天小小科学家、科普夏令营等科技活动。据统计，2007～2013年，福建省选手参加全国青少年科技创新比赛，共获一等奖102项、二等奖141项、三等奖141项。此外，还积极推进福建特色科普场馆体系建设，据统计，已推动全省各地在建科技馆23个，科普教育基地215个，青少年校外科技活动中心45个，青少年科学工作室109个，科普服务站7789个，科普宣传栏12462个。在全省各级电视台开设科普栏目，54个市、县（区）电视台开播《科普新说》，在福建导视频道开辟“科普之窗”栏目，全年播放系列科普电视节目，时长达18000分钟。拍摄制作并在福建电视台黄金时段投放科普公益广告。开通“福建科普”微信平台，发布图文科普内容600多条，公众总阅读数接近6万次。积极办好福建科协网和各类科普网站，积极推介贴近群众、贴近生活的公益科普节目。探索利用微博、社交媒体和移动多媒体等新技术手段开展科普传播，促进科学知识在网上流行。

公众评议制度作为科技治理体制的重要补充，源于科学共同体独立性的进一步丧失，科学共同体为实现技术突破向政府、企业寻求政策扶持和资金帮助，此时，寄希望于科学家群体依靠客观公正的态度对技术研发应用做出评判已经很困难。对于其他科技治理主体来说，公众评议制度是参与科技治理实践的一种较为直接与便捷的形式，尤其是在信息获取、议题进展和成果应用监管、治理信息获取上，有助于公民较为全面地掌握科技治理议题的信息层次，缩小治理主体间的认知分歧。在转基因作物治理中，大众传媒承担起多元科技治理主体间的信息传递、接纳与共享的职责，是信息中转和二次处理的重要环节，起着技术信息的再生产作用。公众借助大众传媒，正确认识和判断转基因技术应用前景和风险，积极参加大众科普活动，通过知识再生产与重构话语秩序，推动多元科技治理主体有序开展政策博弈与协商对话，有助于形成高水平的政策建议，提高公众对转基因作物治理评介的准确性与有效性。通过公众评议制度，还可以实现认识民主和提高公众审议能力，解决转基因传播中因认知偏差导致的评介不准确等问题，增强政策共识形成的可能。

公众评议制度依赖媒体及其社交平台运作的有效性，社会公众是主要参与者，是一种非正式的监管评议制度。公众评议制度关注科技治理实践中技术应用所带来的技术风险及其评估预防措施，也考察政府、科学共同体在科技治理议程中执行偏差与治理困境出现的原因，通过舆论监管与公众参与的结合来促进科技治理机制的完善。公众评议制度本身就是科技治理环节多元主体参与政策实践的最好体现，通过调适与完善科学共同体内部治理机制，杜绝技术共享和信息传播上的阻碍，提高治理主体及其成员对技术共享和信息传播的重视程度。公众评议制度，可以尽早发现同行评议出现的偏差，及时纠正对其他治理主体合法权益带来的损害，通过政策复议、政策调整乃至政策终结，减少因政策制定与执行的不适宜性导致的科技治理失灵现象。通过对科技资源分配与科技主体治理实践的外部监督，提高媒体、公众、非政府组织话语权和政策空间，规避因政策偏差导致的治理失败，确保在多元主体的协调互助下顺利推进科技治理议题议程。

第六章　科技治理工具的创新与综合运用

作为实现科技治理政策目标、提高治理绩效、协调主体关系的载体，科技治理工具是构建我国科技治理体系和实现治理能力现代化的重要支撑。分析当前我国科技治理工具的实践困境，借鉴他国经验，整合创新治理工具，构建程序性治理工具体系，扩大使用非正式治理工具，以应对科技治理情境的复杂化，减少政策阻滞，增强治理绩效，推进我国科技治理体系与治理能力现代化建设。

科技治理工具是治理主体参与治理实践、发表政策倡议、践行政策诉求的手段、方法与机制，是实现政策目标、提高治理绩效、调和主体关系的重要载体。由于科技治理情境的复杂，给治理工具评估与选择带来诸多挑战，影响着科技治理绩效的提升。为此，需要通过治理工具的创制与整合来实现知识共享，重塑治理权威，打破单一治理主体对信息的垄断，促进治理主体间的对话。①② 通过非正式治理工具的综合化运用提升公众对治理议题的认同与主体间信任，帮助治理主体凝聚共识、整合科技资源并展开前沿科技

① Jones R A L. Reflecting on Public Engagement and Science Policy [J]. Public Understanding of Science, 2014, 23 (1): 27-31.

② Mol A P J. Environmental Governance in the Information Age the Emergence of Informational Governance [J]. Environment and Planning C-Government and Policy, 2006, 24 (4): 497-514.

研究。[①] 因此，整合创新治理工具，构建程序性治理工具体系，扩大使用非正式治理工具，可以减少政策阻滞，增强治理绩效，推进我国科技治理体系与治理能力现代化建设。

当前，对科技治理工具的研究大都集中在治理工具的分类、工具本身的功能与局限性，认为科技治理工具只是主体达成科技治理目标的一种手段，对科技治理工具的选择和创新只是为了追求更好的治理绩效，对科技治理工具自身的发展趋势、困境研究较为缺乏，在综合性治理工具的组合创新以及程序性治理工具的选择使用上缺乏足够的关注。以政府和科学共同体为导向的科技治理工具并不能完全契合社会公众的需要，容易导致第三方参与主体在科技治理实践中因科技治理工具的不恰当使用而产生抵制现象。根据我国科技治理实践需要，加强对科技治理工具的创制使用，实现科技治理工具使用的综合化有助于破除当前部分前沿技术应用领域的治理困境，比如，在我国高新技术产业研发设计和成果转化中，通过对新型治理工具的使用，有效应对科技治理议题发展的复杂困境，通过技术利基的使用为我国太阳能光伏产业的发展提供充分的政策空间。

科技治理形势是不断变化的，治理议题在不同政策阶段也表现出不同的实践特性，为更好地契合治理形势的变化和治理理念的变革，有必要保持科技治理工具的动态灵活性。“不再局限于固定的模式和空洞的说辞，不再寻求整齐划一的传统模式，而是以‘问题干预’作为分析问题的基础，权变观念成为理念创新的常量”，以治理工具为媒介改变传统工具的‘硬约束’导致的主体间关系的不协调。[②] 推进科技治理绩效的提升。政府要在政策拟定和资源分配之外把握介入到科技治理事项的程度及方式；建立与其他治理主体之间的伙伴关系来应对政府失灵、市场失灵与志愿失灵等问题；通过治理工具的选择和使用来应对科学技术研发实践的公共属性、风险不确定性与资

① Huesting J E, et al. Global Adoption of Gentically Modified (GM) Crops: Challenges for the Public Sector [J]. Journal of Agricultural and Food Chemistry, 2016, 64 (2): 394-402.

② 方卫华，周华．新政策工具与政府治理［J］．中国行政管理，2007（10）：69-72.

源配置的有效性等问题；跳出官僚制管理体制的束缚，减少实质性治理工具对其他治理主体的约束，更好地适用动态复杂的外部治理形势；发挥非制度性治理工具的作用，提高科学共同体与社会的治理能力和参与能力，确保治理主体间信任程度的增强。

第一节　我国科技治理工具实施中的困境

我国科技治理虽然起步较晚但发展很快，特别是对多元主体的角色定位及其职能发挥的关注，对科技体制调整与机制变革的重视，使科技治理有了一定成效。但在我国科技治理中，对治理工具的创制与整合缺乏足够的重视，往往简单照搬公共管理领域的一般治理工具，忽视科技议题自身的特殊性，暴露出诸多问题。

学术界与政府关注的是彼此的角色定位与职能发挥，重视体制调整与机制变革，而对政府的管理方式或治理工具本身缺乏足够的重视，往往简单地照搬公共管理领域的一般治理工具，忽视科技议题自身的特殊性，缺乏对其他主体治理诉求的重视，不能针对科技治理困境创制新的治理工具，导致科技治理工具在科技治理实践中暴露出诸多问题，为各主体在科技治理实践中选择有效的科技治理工具带来诸多困扰。尽管各国所要应对的科技治理议题大致相同，但由于行政体制、文化传统、价值观念、公众科学素养和执政者素质等因素的差别，同一治理工具应对主题类似的科技议题时会出现不同的治理绩效，单凭移植治理工具并不能有效契合本行政区域内的科技治理现状，这也造成科技治理工具的实践困境不断出现。

一、治理工具体系难以应对科技治理情境的复杂化

科技治理工具由于使用主体和治理议题的不同，其自身的强制性、正式

性、普及性、主体接纳度等均有区别。政府所制定和使用的科技治理工具的强制性程度最高，科学共同体及其成员制定和采纳的科技治理工具使用的专业性最强，公民社会及其成员自身所采用的非正式性科技治理工具或者由政府及科学共同体授权使用的科技治理工具，具有较强的缓冲性和调节功能，更容易得到其他主体的认可和接纳。但是，科技治理议题及其实践具有较大的变动性、复杂性与未知性，主体间在政策议程中所拟定的治理工具、治理目标、集体选择，往往无法与治理情境的变化相匹配，无法满足科技治理实践的需求，无法充分发挥科技治理工具原有的设计效果。科技治理主体在政策议程中达成的集体选择与动态情境往往有一定偏差，无法充分发挥治理工具原有的设计作用。

复杂情境下过度使用强制性治理工具极易出现负面效应。强制性治理工具是政府参与科技治理的重要载体，往往以法律法规、政策条款等形式介入，这对于跨域性环境治理问题、新兴技术研发等都具有很强的政策引导作用。但是，复杂情境下过度使用强制性治理工具，不仅由于缺乏足够缓冲带，难以协调多元主体间的利益诉求，势必缩小目标群体话语空间，压缩目标受众的话语权，限制其他主体的政策倡议。而且极易与其他治理工具产生冲突，甚至弱化非正式治理工具的作用，导致治理主体摩擦不断，政策灵活性差和治理效果低等负面效应。例如，在京津冀环境污染治理中，单纯依靠地方政府借助法规、政策等强制性治理工具就不利于全面收集信息与有序推进政策落地。其实，政治民主机制的完善和市场经济体制的健全，对各主体遵守社会相关规则，按照相对明确的法权关系处理彼此之间的利益冲突已起到极大帮助。因此，无须在治理实践中采用过多的强制性治理工具，反而应从提高主体间互动的频率和弹性的角度，增强对非正式科技治理工具的重视程度，将非正式治理工具纳为化解主体间因治理议题和政策议程所产生的矛盾冲突的必备选项。

治理工具的稳定性、治理主体的多元化与政策情境动态复杂性的矛盾。科技治理工具从创制拟定、接纳认可到投入实践，政府、科学共同体与公众之间往往围绕着治理目标、达成途径、覆盖范围和监督反馈机制等，不断地进行利益博弈。只有在符合各方利益诉求的情况下才能最终推动其有效执行，获得各方满意的治理效度。然而，在付出政策成本之后，治理主体很难短时间内中止或者放弃某一种治理工具。而在科技治理中，各主体均有不同的政策诉求，主体间的利益摩擦较多，很难通过某一种治理工具长期、稳定地协调主体间利益诉求，往往带来治理工具失灵和政策议程失败。在科技治理实践中，不同治理主体在集体选择基础上政策诉求不同，诉求的多元化很容易造成主体间的利益对抗，导致科技治理工具在政策实践环节出现治理工具失灵和政策议程失败等问题。上述问题的出现均与“后学院科学”时代科技治理问题本身的未知性和复杂性有关，治理工具所面对的政策情境的动态复杂，往往很难及时地做出工具使用方向上的调整，也无法灵活地调整集体目标和主体间的利益诉求。科技发展本身的速度不断加快，科技治理领域精细化与交叉化的发展趋势对治理实践提出严峻挑战。例如，在我国纳米技术治理中就缺少可将政府、科学共同体、公众的诉求汇集和协调起来的稳定的治理工具，导致在技术监测与应用中常常出现治理工具的碎片化。

政策受众的复杂与治理工具本身的局限带来治理阻滞。科技治理议题已经超出行政区划的界限成为各地区乃至国家所共同面对的问题，跨域性治理议题已十分普遍，针对某一问题采用统一的治理工具，极易与地方性知识、政治传统和社会习俗等冲突。治理工具制定者认知的局限往往渗透在治理工具中，对达成治理目标、消除治理阻碍也都带来消极影响。[①] 政策受众的复杂多样使其利益诉求难以达成一致，他们对特定治理议题知识的匮乏也使其很难准确表达自身诉求。政策受众在信息收集与整理方面存在天然弱势，无法花费足够的时间和精力对其进行分析，很容易因利益诉求的分散而被其他治理主体所忽视，造成在治理工具的拟定中缺乏足够的话语空间，致使治理受阻。在科技治理实践中，治理绩效的提升与否与治理工具和政策受众偏好

① Nelson J, Gorichanaz T. Trust as an Ethical Value in Emerging Technology Governance: The Case of Drone Regulation [J]. Technology in Society, 2019, 59 (11): 1-8.

的一致性紧密相关。科技治理外部情势与内部主体间诉求是复杂多变的，寄希望于通过某一个或一组科技治理工具就实现上述目标是不可能的。我们唯一要求的是在实现政策诉求并达成政策目标的大背景下，关注并重视政策受众的心理偏好，尽可能地与其保持一致，减少因认知分歧导致的治理阻滞和行政成本的提升。治理工具制定主体在认知上的局限自然会反馈到科技治理工具中，对于科技治理工具功能、特质与缺陷的认知局限，对于科技治理难题背景认知的局限或者倾向性，对于利益主体之间协调的不均衡性或者倾向性都会导致科技治理工具制定存在局限性。

二、科技治理工具的评估困境

在我国科技治理中，治理工具的评估体系尚不健全，加之科技治理议题跨域性趋势愈发明显，治理主体对治理工具功能的过度设计，也使治理工具的复杂性增强，导致治理主体无法对其展开准确的评估。

治理工具效能发挥的波动性导致评估难度增大。在“后学院科学”时代，复杂的治理形势与主体间利益诉求的多样化，致使科技治理工具的效能发挥处于波动状态。受“政策效果递减规律”和“政策积累法则”的影响，治理工具在不同治理阶段会产生不同的治理绩效，治理主体往往难以做出准确的判断和评估，也就无法做出针对性的调整。例如，在我国风能产业发展中，政府的风能产业治理工具调整的灵活性较低，前期采用英国的市场竞价模式，在技术更新与市场发展中取得了较好效果。风能产业政策工具拟定部门涉及较多，多头、交叉、分类拟定政策工具的状态导致政策工具之间缺乏沟通，在治理实践中出现因工具冲突导致的治理工具效能波动的现象，导致无法及时根据市场变化进行相应调整，直接带来评估难度的提升和治理绩效下降。①

政策世界的拥挤和混乱造成治理工具评估困难。科技治理议题的跨区性

① 陈艳，龚承柱，尹自华．中国风能产业政策内在关系及其组合效率动态评价［J］．中国地质大学学报（社会科学版），2019（6）：142-152.

使治理工具的政策调整存在差异，偶发性的议题诉求给科技治理工具的执行带来较大挑战，政策情境的复杂多变致使治理主体陷入治理工具的稳定性与动态性的两难判断之中。

科技议题的跨区性导致科技治理工具的使用情境是各不相同的，不同的政治体制、文化价值观对治理工具产生不同的影响，无法做出准确的判断和选择。科技治理工具间的对抗和冲突，不同于科技管理时代以政府为主要制定者和执行者的政策工具，科技治理工具的使用者覆盖主要的科技治理主体，实现各科技治理主体不同利益诉求的科技治理工具在同一科技治理议题中交织和碰撞，导致现实的政策世界是拥挤和混乱的，某一新型科技治理工具的创制与使用，往往会与原有治理工具的政策区间与诉求产生碰撞和冲突①，为科技治理主体对其调整与改革带来较大的阻力和较长的政策协调期。科技治理主体的选择偏好与执行偏差，科技治理主体对科技议题治理形式的判断和对治理工具的了解，对其选择科技治理工具的类型和启动治理工具的时间与方式会产生较大影响，而科技治理实践中偶发性因素与主体间利益关系的调整变化，也对主体在使用科技治理工具的程度上带来较大影响，甚至会偏离原有的议程设置目标，导致执行偏差现象的出现和治理绩效的不可控性增强。

治理工具功能的过度设计带来评估与监管难度的增加。在对科技治理工具的监管和调整中，人们更关注的是治理工具能够带来什么样的治理绩效。因此，治理主体往往对治理工具功能进行过度设计，致使治理工具的复杂性加强，无法发挥治理工具的最大功效，很难进行准确的评估和监管。至于治理工具是否可以适应复杂的政策环境，是否会出现执行偏差，是否会出现以部分治理主体权益受损换取治理成功，在治理工具评估中缺乏足够的关注。而且单一由政府所制定的科技治理政策工具很容易导致对其他科技治理主体权益和建议的忽视，出现其他科技治理主体在治理工具拟定和执行中的缺位

① Phil M, Jason C. The Future of Science Governance Publics, Policies, Practices [J]. Environment and Planning C-Government and Policy, 2014, 32 (S1): 530-548.

和政府在科技治理政策工具执行中的越位和错位现象，进而导致在科技治理实践中出现执行困境。

当前科技治理工具在评估与调整中所遇到的困境，还表现在治理工具本身的有效性与对治理环境的适应性有着密切的关系。在治理工具的有效性问题上，人们追求的是对成本控制的关注，希望可以在控制科技投入的基础上实现对科技议题的解决。但是，这种趋向往往会导致人们将重点放在成本控制较好的应用研究上，对于有效性表现得不明显的基础研究在资金投入、政策扶持、人才保障、社会宣传等层次上缺乏足够的帮助。这在很大程度上导致科技议题的理论和基础研究的薄弱，对于治理议题的有效解决产生了一定的困扰。在2014年以前，京津冀地区流域生态补偿机制尚未完善，补偿方式仍旧局限于资源性补偿为主的单一补偿形式，水污染排放权交易市场尚未健全，区域性排污权交易体系并未形成，而“第三方治理”也仅是停留在政策制定层面，缺乏系统完善的实施细则。此外，社会监督、信息公开和宣传引导等社会参与型政策工具使用匮乏，公众参与水环境治理面临困难。①

三、科技治理工具的选择困境

政策是主体服务于特定目标而采取的一系列活动。在这一系列活动中，治理工具的选择是关键。因为治理工具能够为这些活动提供实现路径，路径选择正确与否自然是政策成功与否的关键。② 目前，政府单独制定治理工具的现象大为减少，更多地由多主体共同参与治理工具的制定，以增强治理主体信任并达成政策共识，提高治理工具运行效能。但是，由于治理主体的选择偏好、治理工具本身的契合度、政策受众对治理工具的接纳度和前期治理的信息反馈都影响着治理工具的选择，而治理工具选择是否恰当直接影响治理效能。

---

① 杨旭，陈廷栋．水污染治理政策工具变迁——基于2000—2019年京津冀地区政策文本的考量［J］．中共南京市委党校学报，2020（5）：72-82.

② 陈振明．政策科学——公共政策分析导论［M］．北京：中国人民大学出版社，2003：193.

政策受众的接纳度较低。治理工具与受这种治理工具影响最大的人群之间的关系，也就是治理工具能被目标群体所接受的程度。精准识别科技研发应用的受众群体，合理把握其政策诉求并将其纳入治理工具的选择与使用中本身就难度较大。政策受众对科技治理议题所涉及的信息难以做到全面的了解，既缺乏足够的时间，也缺少必备的知识背景，往往对政府与科学共同体所制定的治理工具存在一定的排斥，会导致治理工具的运行存在一定的阻滞。在新兴技术治理中，政府往往单纯地提供某一治理工具或者综合化的治理方案，缺乏对政策受众诉求的尊重，对于信息公开与议程参与的充分满足目前尚难达到。

治理工具与动态复杂的治理议题间的契合度低。在科技治理实践中，选择符合大多数主体利益的治理工具组合，将科技治理工具的不恰当因素置换掉，实现科技治理方案的优化组合，是选择科技治理工具的重要参考标准。新兴技术研发应用所面对的外部社会环境是动态复杂的，各主体间的诉求也存在一定的碰撞冲突。选择科技治理工具将其应用于技术研发实践，治理工具本身的稳定性与议题的动态性、诉求的复杂性之间必然存在矛盾冲突，直接导致治理工具与治理议题的契合程度降低，对于提升治理绩效和破解治理难题都带来消极影响。

前期治理的信息反馈及时性低。选择治理工具介入科技治理实践并发挥其作用是一个循环的政策实践过程。政府选择科技治理工具并不是科技治理的终点，而是其中的一个环节。以政府为代表的治理主体应时刻关注治理工具组合在科技议题中发挥的作用以及存在的困境。治理工具的相对稳定性与治理议题的动态复杂性本身就存在一定的冲突，这就导致无法有效地收集前期治理环节中有效的信息反馈，了解科技治理工具效能发挥中存在的问题，对于科技治理工具及时有效调整带来阻碍。

第二节　新型科技治理工具的不断涌现

随着科技治理实践的不断深入，在不同的政策议程阶段各治理主体的利益诉求也有所不同，科技议题在不同的发展阶段所遇到的挑战也在动态变化。作为践行治理主体政策诉求与集体选择的科技治理工具，也必然在不断地发展创新，发挥对科学共同体及其成员的监督激励、对政府及其公职人员的监管协调、对社会公众合法权益的保障作用。科技治理工具的创新与变革，也是政府、科学共同体、社会公众应对科技治理挑战的一种回应。每一种新的治理工具的提出，每一种治理工具的变革，都是科技治理主体在不同的政策议程阶段所做出的集体选择或者回应。科技治理工具的发展趋势是治理特性从单一转向综合，强制性治理工具使用比重降低。治理工具的提出、创制与变革，需要多元治理主体的共同参与，治理工具的执行主体也由政府转变为三大治理主体依据各自的角色、话语权与利益诉求拥有各自不同的科技治理工具。

从公共管理领域引进的治理工具在科技治理实践中无法完全契合政策情境与治理需要，难以有效地平衡主体间利益，在政策共识达成与集体目标实现上难以发挥有效的协调和引导作用。政府、科学共同体、社会公众为代表的科技治理主体根据治理情境的变化和治理议题的需求，在治理实践中调整和创制了一系列新的科技治理工具，有效推动了科技议题治理实践进程。当前，国外在科技治理环节出现的代表性的辅助性制度有协商映射、技术利基、价值敏感性设计、共同生产、利益相关者工作坊等，均从不同角度改善政府、科学共同体和社会公众在政策议程和实践环节的关系，推动治理绩效的提升。

一、协商映射

协商映射是一系列针对治理主体间关系调适，开展协商对话，对技术创新展开保护的科技治理工具的总和。在当前的科技治理实践中，涌现出的代表性治理工具有技术利基、多准则决策分析和 OMC 政策学习方式等。“协商映射”在科技治理议程中平等对待三方主体，尤其是科学共同体和公民社会的角色，确保在科技治理框架以及内部对话机制上平等对待，降低治理主体在整个政策议程环节展开对话的难度，通过制度性的保障和主体间矛盾的调和①，降低认知分歧和扩大共同的利益诉求，为争议性的科技治理议题决策的制定提出有力的支持。

技术利基是政府对科学共同体和企业的一种保护性举措，是政府对重点技术环节的重视和保护，以定向的资源投入和政策支持来为新技术的成长提供保护性空间，尤其是对市场竞争激烈、研发投入和风险较大的新技术领域，技术利基尤为必要。“技术利基是新技术实践中所形成的松散性的正式和非正式规则，并受到相对小规模的产业、使用者、研究者、政策制定者和其他相关主体等网络群体的保护。”“利基市场的保护能够使新兴技术主体试验不同的技术和市场，并在产业实践中学习和积累了技术能力与市场经验，形成完整的供应链和健全的产业结构。”② 技术利基实际上是一种新技术突破前期的“孵化器”，减少因外部资金压力、技术弱势和市场竞争对技术成长期所带来的破坏，为新技术的成长以定向的政策扶持和资金投入赢得空间与时间。技术利基关注的是新技术研发成长中的重点项目，国家和科学共同体共同参与。在“后学院科学”时代，技术利基更多的是应对不确定风险的一种有效方式，在成长型技术还未取得突破性进展或者完全成熟之前，政府予以一定

① Burgess J, Stirling A, Clark J, et al. Deliberative Mapping: A Novel Analytic-deliberative Methodology to Support Contested Science-policy Decisions [J]. Public Understanding of Science, 2007 (16): 299-322.

② 程郁，王胜光. 培育战略性新兴产业的政策选择——风能产业国际政策经验的比较与借鉴[J]. 中国科技论坛，2011 (3): 146-152.

的政策保护和资金扶持就显得尤为必要。

在中国太阳能光伏产业发展中，技术利基起到明显的推进作用，从前期技术研发资金和优惠政策制定，到后期技术创新空间建构与国家资金扶持，为我国太阳能光伏产业技术研发突破、市场竞争地位增强与高新技术市场的培育起到关键作用。我国太阳能光伏产业较国外起步晚，但随着国外光伏产业的发展、国内新能源需求不断增加，加之光伏产业在低碳经济发展中的重要地位，我国由中央和地方政府制定有利于光伏产业研发应用的优惠政策，太阳能光伏企业则进一步加强技术研发，确保在国家给予的政策保护空间内快速实现技术突破，打破国外技术和产业垄断。2009 年 3 月 23 日，财政部、住房和城乡建设部联合发布了《关于加快推进太阳能光电建筑应用的实施意见》，同时，财政部印发了《太阳能光电建筑应用财政补助资金管理暂行办法》。2009 年 7 月 16 日，财政部、科技部及国家能源局联合颁布了《关于实施金太阳示范工程的通知》，相关配套政策也陆续出台。另外，包括光伏行业在内的新能源产业被确定为国家战略性新兴产业，受到中央的重视和支持。尤其是在 2011~2013 年，为保障光伏产业健康发展，国家先后启动两批“金太阳”示范工程，并发布了《太阳能发电发展“十二五”规划》《国务院关于促进光伏产业健康发展的若干意见》《分布式光伏发电应用示范区实施方案》《关于做好分布式光伏发电并网服务工作的意见（暂行）》等一系列促进光伏产业发展的政策。[①] 尽管 2011 年以来受欧美光伏市场价格波动和市场需求缩小的严重波及，国内太阳能光伏出现全行业亏损，光伏市场企业数量和产值出现大幅萎缩，但是国务院在 2013 年出台关于光伏产业发展的指导性文件，通过政府政策指导和资金扶持，推动技术研发升级和企业重组改造，为企业技术研发创新和技术利基进步提供充分的政策和资源保障。

多元科技治理主体在变革原有的治理工具和拟定新的科技治理工具的基础上，对主体间的协商方式和政策决策达成程序上也做了一定变革，其中较

① 纪美云．中国光伏产业发展路径研究——基于社会技术多层次视角的分析［D］．保定：华北电力大学，2015：7-31.

为典型的是多准则决策分析框架（MCDA）。MCDA 是一个强大的和科学的决策分析框架，用来平衡社会利益对抗与治理风险问题，以多重证据应对科技治理挑战，允许决策过程的可视化和量化权衡，将决策信息与决策绩效标准和权责的拟定权从政府扩展到其他科技治理主体，有效解决科技治理实践进程中治理议题的不确定性、不完整性和复杂性等问题。MCDA 分析框架借助层次分析法，由政策决策者、科技研发人员共同制定多重评估指标及其权重，通过指标计算方法的优化和评估数值的调整来规避技术评估的不确定性所导致的风险。在指标覆盖群体上充分听取其他主体的意见，以分析框架参与拟定主体的多元降低风险的不可控所带来的实践阻碍，在指标拟定和权重确定过程中提高政策议程的透明度。①

针对跨国科技治理议题，各国也提出一种开放式协调的政策学习方式，即 OMC 政策学习，意在解决跨区域、跨国科技治理议题上各参与主体利益博弈的复杂性、治理参与的低效性等问题。OMC 政策学习重视对话平台建设和高层次专业论坛的举办，将区域共同体内部的政府高级决策人员、科研专家、新闻媒体以及科学素养较高的社会公众纳入对话机制中，强化政策决策者与科学界之间的对话合作和共享互动，在政策拟定环节就方针理念的确定和政策议程执行的实施细则达成一定的政策共识，聚合共同的政策理念和树立共同的价值观，确保政策立场的一致性。依据 OMC 框架的核心理念，在欧盟内部高科技议题治理实践中，搭建起对话学习的平台——战略论坛（SFIC），为欧盟内部相关政策决议的达成和实施发挥了重要作用。

二、价值敏感性设计

价值敏感性设计（Value Sensitive Design）围绕整个技术研发设计应用环节，在前期环节将人类价值观和道德规范纳入技术研发设计过程，关注人与技术人工物之间的关系，认为技术人工物并不单纯是技术应用的体现，也是

① Linkov I，Satterstrom F K，Steevens J，et al. Multi-criteria Decision Analysis and Environmental Risk Assessment for Nanomaterials［J］. Journal of Nanoparticle Research，2007，9（4）：543-554.

人类行为方式的一个延伸。“价值敏感设计是一种关于技术设计的创新理论方法，它从价值与技术设计相互作用的角度辩证地看待技术设计和社会环境，采用概念、经验和技术调查的三重研究方法，强调技术设计过程中道德价值的输入，致力于在技术设计阶段有效解决技术中的伦理问题。价值敏感设计提倡设计师充分考量技术用户及其他利益相关者的道德感受和价值诉求”。[①] 在技术人工物的研发设计中，要通过对特定价值观的引入，确保技术人工物和技术活动对风险的有效规避。“巴蒂亚·弗里德曼（Batya Friedman）价值敏感性设计的主要目的是想表明人类的价值观念以一定的体系，一定的原则嵌入在技术之中。价值敏感性设计在关注技术设计环节的过程中，企图通过对社会环境中的价值观念进行一定程度的考察，建立概念性的价值体系，来对技术设计活动进行约束；而在这个过程中，技术设计活动与价值考察活动进行着动态的相互作用，从而能够使技术设计活动更趋合理，也能够让价值体系的建立更加清晰和明确。在这里，关注人的价值观念与技术的关系，关注技术实践活动，特别是技术设计活动非常重要。”[②] 价值敏感性设计是关于技术创新与设计过程中，重视价值考量与技术设计的双向互动，将道德因素输入到技术设计的整体环节，以预防治理的理念在技术设计环节引入利益相关主体的道德诉求。

价值敏感性设计是在高新技术研发中，将技术风险纳入价值判断中，在技术设计研发环节纳入伦理道德考量，在寻求技术突破中坚持风险的规避。价值敏感性设计以会聚技术等高新技术为依托。从价值敏感设计的提出和展开来看，它是依托信息技术发展出场，以信息技术、纳米技术、生物医学技术和认知技术等高新技术的全面发展而备受关注的。这四大高新技术的组合，国际上将其界定为“会聚技术”。它们的结合开创出诸多新兴学科领域，例如，远程医疗保健、纳米药学、组织工程、护理机器人等，与此相关的价值

① 刘瑞琳，陈凡．技术设计的创新方法与伦理考量——弗里德曼的价值敏感设计方法论述评［J］．东北大学学报（社会科学版），2014，16（3）：232-237.

② 张浩鹏．巴蒂亚·弗里德曼价值敏感性设计研究［D］．南京：东南大学，2015：4.

敏感性设计也相应被提出，如伦理和纳米药学等。[①] 荷兰技术哲学学派提出价值敏感性设计，通过引入伦理因素和道德规范充实和完善技术规范体系，降低技术风险的发生频率，尤其是因社会文化价值因素和地方性知识不符所导致的技术应用阻碍。通过价值敏感性设计，确保技术设计前期就考虑技术受众和使用区域的特性，弱化技术应用与社会建构间的割裂所带来的负面效应，确保技术研发人员将伦理道德因素视为技术本身不可或缺的环节，而不是外部的修饰。价值敏感性设计贯穿技术设计的全过程，将各利益相关者的诉求引入技术创新的前期流程，避免技术研发环节与社会系统的割裂导致技术应用的社会契合度不高，可以确保研发人员在技术设计中将抽象的伦理原则与技术相结合。

价值敏感性设计指信息通信技术相关领域的技术研发，近年来在技术研发设计中受到技术研发与应用人员的重视，在人机交互领域无线短程植入性医疗设备（Implantable Medical Devices，IMDs）技术研发领域作用凸显。尤其是在利用 IMDs 技术展开心律不齐治疗的植入型心脏转复除颤器（Implantable Cardioverter-Defibrillators，ICD）改进上应用充分。前期的 ICD 器材关注的是技术应用与信息获取的便捷、有效和安全，重视临床介入授权和紧急存取功能，对患者价值观和心理诉求考虑不充分，ICD 设备在电击治疗、信息获取、外部接入等方面没有充分考虑患者的诉求，在我国临床应用中出现患者恐慌、拒绝甚至排斥这一医疗器械的状况。在新型 ICD 设备改革中，借助价值敏感性设计理念，对医生、患者和其他人员展开全面的调研，“收集和分析患者的价值需求和对各类安全技术机制的评价，将患者不喜欢的比例较高的选项排除（抑制）；然后从剩下的选项中筛选备受患者欢迎程度高的候选项（疏导），通过价值权衡从多个设计技术机制中获得确定的可行方案。受患者接受或欢迎的 ICD 安全技术应具备有以下特征：切实的信息安全和对患者人身安全的绝对保障；尊重患者的个人隐私和自尊，避免揭露患者的病

① 刘宝杰．价值敏感设计方法探析［J］．自然辩证法通讯，2015（2）：94-98.

情；美观；减少和避免不必要的提醒和警报；无痛；性能持久稳定；兼顾社会、宗教和文化因素的影响；确保患者知情同意的权利”①。尽管会在技术设计和临床应用上带来一定的复杂性，但是却可以有效解决 ICD 设备应用与患者个人价值诉求之间的矛盾。

价值敏感性设计，关注技术与伦理价值因素如何在科学研发实践中达成平衡，主张技术研发设计不再单纯地作为技术突破及应用来处理，在技术活动前期就开放参与，将共同认可的价值观念、道德规范、技术规范注入技术设计环节，尤其是强化技术决策者和研发设计人员对上述价值因素的重视。因为“技术是一种包含着伦理价值的存在。技术所包含的价值，不仅仅指的是设计者本身的技术理性‘偏见’，更多的是指技术人工物在设计产生过程以及在此以后的使用过程中所涉及到的利益相关者的价值认知”②。在强调早期道德因素注入技术设计环节的同时，还提倡“中期制作和后期反馈的伦理讨论也应该被纳入其中，体现着整体性。价值敏感设计过程中不是进行单纯的逻辑理论推理，而是包含选择、权衡、经验运用等的综合过程，由各种价值和利益集团的代表共同参与协商是解决技术伦理问题的最重要环节，由此可见价值敏感设计具有实践性”③。

在技术研发实践中，价值敏感性设计可以确保技术在设计环节有针对性地进行技术可行性与道德可接受性层面的调整与创制，减少后期因利益相关者抵触造成的成本上升，提高技术研发设计人员自身的道德修养和对科学道德规范的重视与践行，减少技术研发设计者因对社会公众情感的忽视导致的技术应用推广阻滞甚至失败，以科学界对其他治理主体价值观层面的认可和利益诉求的关注实现治理主体间互动的有效性。荷兰的鹿特丹港扩建工程（“Maasvlakte 2” Project，MV2）和英国的平流层粒子注入气候项目（Stratrospheric Particle Injection for Climate Engineering，SPICE）两者都在工程项目实

① 刘瑞琳，王健．植入性心脏转复除颤器安全设计的伦理审视——价值敏感设计方法论应用研究［J］．医学与哲学，2013，34（8）：51-53，86.

② 张浩鹏．巴蒂亚·弗里德曼价值敏感性设计研究［D］．南京：东南大学，2015：1.

③ 王艺．价值敏感设计研究［D］．太原：太原理工大学，2016：8.

施之初，便面向社会公开信息，同时建立有效的协商机制，将多样利益主体纳入其中。除经济利益外，重视考虑到环保和伦理的等价值领域，预测工程可能带来的危害与风险。经过RI机制的评估，MV2项目更改了最初的施工方案，而SPICE项目因为存在潜在的环境风险和利益冲突而被取消。MV2和SPICE都是典型的大型工程，两者都偏向影响环境和社会。这种意义上使用的RRI可以说是TA（Technology Assessment）的一种升级和变体，都是把RRI理解成一种既成的技术管理学思路，从而忽略了它必要的技术哲学内涵，使RRI丧失了独特性。任何大型工程的建设都宣称是负责任地，都在一定程度上听取公众意见，但很显然并不是所有的技术评估都可称之为RRI。①

与其他辅助性制度不同，价值敏感性设计关注社会公众在科技治理政策议程中利益诉求和政策建议的顺利表达和有效实现，尤其是在政策框架拟定环节确保政府和科学共同体对社会公众的价值因素的重视和关注并在政策层面予以体现，减少因价值观层面的冲突导致具体的科技治理议题陷入停滞，避免社会公众对科技治理议题的认知分歧带来的治理绩效的降低。价值敏感性设计关注的焦点在于主动引入外部道德因素，以价值观层面的认同赢得主体间的信任，减少技术研发推广中因误解出现的执行阻滞，确保科技治理实践的顺利进行。

三、共同生产

共同生产是通过政府与社会公众之间的结合，政府向主动参与的社会团体让渡部分事务性管理的权力，委托其参与到政策实践中，利用公民及其社团组织的专业技术知识和资源推进科技治理进程，在不使用或少使用公共行政资源的基础上实现科技治理绩效的提升。公民及其参加的社团组织，很多时候不仅是公共服务的接受者，也可以凭借自身在专业性问题上的把握，成为公共服务的提供者，与政府或者科学共同体展开合作。在这些合作生产中，

① 王小伟，姚禹．负责任地反思负责任创新——技术哲学思路下的RRI［J］．自然辩证法通讯，2017（6）：37-43.

公民和政府机构共同确定公共服务的性质和结果。公共服务需要与积极的公民参与相互协调才能有效实现。邻里组织协助监管某些市政项目或服务，向那些被期望改善服务的政府官员提供报告问题的另一种途径，推动他们将改善服务作为共同生产的一个部分。① 在对科技治理议题准确了解的基础上，以治理主体间利益诉求和政策共识的达成为前提，通过自身的专业素养和外部资源供给协助展开治理实践。

复杂科技治理情境下治理议题的顺利解决需要多元治理主体发挥各自特长，调动成员的积极性并投入相应的治理资源。共同生产则为多元治理主体在科技治理实践中协调彼此利益诉求和投入治理资源构建起合适的平台，能够减少对政府绝对依赖的现状，提高其他治理主体的政策话语权和影响力，弱化治理主体间的矛盾分歧，增强治理主体间的信任度。共同生产，需要政府为核心，根据治理议题需求和治理主体掌握资源的不同，准确把握主体间合作的切入点和潜力是什么，为良好的合作打下坚实的基础。同时，共同生产的启动需要有良好的公众参与为前提，要确保政府、科学共同体与社会公众在治理议题实践中彼此形成较强的信任，能够通过约束机制确保资源投入的稳定和持续，确保彼此之间信任关系的维护和集体选择的践行。

政策实验室是一种新兴的国民协商治理实践，是以创新设计为导向，将公众、企业等融入公共部门的政策研究过程中，采用囊括所有利益相关者的创新方法来设计公共政策的研究机构。在政策建议提出后，政策实验室将最终用户放在决策过程每个阶段的中心位置，通过各种形式进行测试和验证。政策实验室的内涵包括以下三个方面：一是通过面向用户的角度处理政策问题；二是利用实验来测试政策建议的合理性；三是相关机构为政府工作或设置于公共管理部门内部，为制定或实施公共政策作出贡献。②

共同生产需要提前规划，确保合作开始前各科技治理主体就各自负责的

---

① 约翰·克莱顿·托马斯．公共决策中的公民参与：公共管理者的新技能与新策略［M］．孙柏瑛，等译．北京：中国人民大学出版社，2005：133-134.

② 张志娟，刘萍萍，王开阳，等．国外科技创新治理的典型政策工具运用实践及启示［J］．科技导报，2020，38（5）：26-35.

事项、资源投入的程度、彼此的权责与角色有明确的共识，政府作为科技治理实践的核心，应该负责任地选择适合的公民团体参与相应的治理实践。对于高层次的共同生产形式来说，管理者同样也需要参与共同生产的实体形成明确的契约协议。当政府期望共同生产形式时，它还应考虑到能够提供怎样的激励措施以获得公民的帮助。在做公共服务规划时去影响公民可以成为共同生产的前提，但是，直接的财政资金可能仍然是必须的条件。[①]

在科技治理实践中，由政府和科技型非政府组织展开共同合作，发挥双方各自的优势，政府在提供资金和政策的基础上，加强对科技型非政府组织的监管；科技型非政府组织利用自身的专业优势和其他社会主体的信任，展开科技活动，促进科技治理结构的完善。专业性非政府组织较政府在科技治理实践中具有明显的优势，它们专业技术强，成员科学素质高，社会公众对其信任度较高，便于开展一系列的科学普及与科技咨询等活动，承接政府部分科技政策与管理职能，推动部分科技治理议题有效推进。在这里代表性的非政府科技组织是中国科学技术协会，它组织结构健全，下属协会广泛分布于各个科技领域，会员众多，是承接政府、企业、社会公众和科技工作者之间的桥梁，有效承接政府部分职能转移，在科技治理实践中发挥着突出作用。根据 2015 年的统计数据，中国科协系统展开学术交流活动 29105 次，参加人数达到 503 万人次以上。在科学技术普及活动方面，举办科普宣讲活动 380770 次，宣讲活动受众人数达到 32180 万人次，实用技术培训人数 3178 万人次，推广新技术、新品种 67358 项，参加活动科技人员 408 万人次。在科技服务方面，提供决策咨询报告 11895 篇，科技评价 10372 项[②]。国外在这一块也有一定的进展，Musiani（2015）对澳大利亚科技治理政策实践研究后提出一种由利益相关者组成的工作坊概念，成员涵盖产业、政府、独立的利益相关者工作坊（包括其他有关部门和机构）和研究人员（包括社会科学家、

---

① 约翰·克莱顿·托马斯．公共决策中的公民参与：公共管理者的新技能与新策略［M］．孙柏瑛，等译．北京：中国人民大学出版社，2005：133-136.

② 国家统计局社会科技和文化产业统计司，科学技术部创新发展司．2016 中国科技统计年鉴［M］．北京：中国统计出版社，2016：234-237.

自然科学家和参与从业人员），以开展公开研讨会和利益相关者论坛的形式，在研讨会和论坛上测试治理模式的相关步骤，在不同的地点，针对不同的主题开展相关讨论，这实际上是以多元主体参与未来科技研发及应用的讨论，改变单一的决策形式。从而建立一种崭新的政策空间，多元主体在政策空间内部针对科技发展及应用开展协调及实践，外部参与者可以在政策侧参与，进而对政策制定和执行产生影响，这是一种持续的主动行动，一个动态的框架（即使框架会面临重新组装），但是却可以产生更多的关于科技发展的新的对话。

第三节　科技治理工具的综合使用对策

我国科技治理实践的发展伴随着市场经济体制的逐步完善，市场参与主体间关系的平衡，利益格局的明晰和市场行为的规范化加强，政府逐步由主要参与者变为服务者，由参与具体事务的处理变革为制度建设、权力分享与资源调配，相对应的政府在科技议题治理实践中的强制性治理工具的使用频率和比重也在不断降低，转而更多地接纳和采用其他主体的政策诉求并将其反映到治理工具的调整和创制中，治理工具也由之前的单一价值取向变为多种价值取向混合的综合性治理工具，以此响应科技治理实践的多元主体参与格局。

科技治理工具的创制与整合，是政府、科学共同体和公众对科技治理复杂议题的回应，是多元治理主体在科技治理中做出的集体选择。治理工具从单一的治理特性转向优化整合，政府、科学共同体与公众依据各自角色、话语权与利益诉求在治理工具的拟定、使用与监督中均发挥着重要作用。

一、构建程序性治理工具体系，确保其有效性

科技治理实践中，单一治理工具的覆盖面、辐射广度、相关治理受众权限范围均有所不同，政府需要构建程序性治理工具体系，确保治理实践的有序展开。政府的作用不在于处理具体事项，而是转向体制机制的建设、政策规划的拟定和法律法规的构建。在程序性治理工具体系建设中，政府通过强化与完善强制型治理工具、丰富与创新激励型治理工具、重视与引入自愿型治理工具，将具体的政策执行转交给其他治理主体，丰富多元治理主体间交流平台的建设，提升各主体对治理议题的接纳度。

强化与完善强制型治理工具，推进政府治理角色转变。政府进入与退出并举，推出具体的科技治理事项，进入法律法规拟定与监管机制构建层面。政府以制度建设来明确各方治理主体间的治理权责划分，明确权力边界与政策活动空间，建立健全动态性检测网络，以强制型治理工具体系建设增强科技治理工具的约束力与可操作性。强制型科技治理工具的创制应与新兴信息技术平台建设相结合，为各主体提供更加完善的信息共享、传播平台，降低其他治理主体获取议题相关信息的成本和难度。强制型治理工具为科技治理创造空间，推动各主体通过协调而不是控制来达成一致，在资源、利益和权力之间形成动态交换关系，以政策增量的方式提升治理的灵活性与稳定性。[①] 强制型治理工具应用应注意不同治理主体和政策受众在治理能力、知识素养、技术水平方面的差异，构建工具统一、标准多元、执行弹性化的工具体系，降低"一刀切"所带来的治理成本的上升。

丰富与创新激励型治理工具，实现科技治理资源的合理配置与治理主体的合理引导。激励型治理工具以科技税收、项目扶持、科技信贷等经济手段介入科技治理实践，以市场化运作方式调整治理主体的关注点，实现科技资源的优化配置。激励型治理工具需要各方共同参与推进，既要推动相关经济

① Kuhlmann S, Stegmaier P, Konrad K. The Tentative Governance of Emerging Science and Technology—A Conceptual Introduction [J]. Research Policy, 2019, 48 (5): 1091-1097.

管理体制的持续性调整，也需要不断响应治理实践中出现的新变化。不断完善与丰富激励型治理工具体系，并将其细化到与各科技治理议题相匹配。例如政府借助“创新导向型政府采购工具”(Public Procurement for Innovation Tool) 介入技术研发，以前期的价值输出与政策引导促进产业创新能力的提升，而不仅仅是单纯地进行技术采购。① 以欧盟为例，欧盟创新政策组合既包括针对创新行为主体的关键政策，也包括主要的框架条件，后者影响了创新主体之间的互动，推动主体之间知识、技能和资金的流动。围绕创新主体相关的运作和组织方式，主要涉及研发政策、产业政策、教育政策和区域政策；主要框架涵盖了影响创新主体之间活动的政策和工具，如金融工具、监管工具和软工具；行业政策可能对创新产生一定影响，如通过推行新的法规或标准，卫生、环境、能源或交通部门的政策都有可能刺激或阻碍创新过程。欧盟政策制定者的主要目标之一是构成均衡的政策组合，确保各项政策和工具能够解决创新过程中的瓶颈问题，并在政府管理层级（欧盟、国家、地区）之内和之间形成互补。其中，有些政策和手段是支持创新的有利条件（即“供给侧”的政策和工具），另一些政策和手段则有助于创新的需求（即“需求侧”的政策和工具）。②

重视与引入自愿型治理工具，丰富主体参与渠道和参与效能。自愿型治理工具体系建设主要是信息平台建设与自愿协议拟定。借助信息技术手段与融媒体平台发展，发挥新闻媒体在技术治理前期参与、中期传播与后期监督的作用，通过数据库建设实现信息获取的便捷化与全面化。“继续完善信息跟踪与披露制度、拓展公众自愿参与的渠道”“广泛征求公众意见，在相关激励型政策工具选择过程中引入公众听证与协商民意测试，引导公众、非政府组织及

① 高昌林，玄兆辉，张越，等．建立政府技术采购制度，促进企业技术创新［J］. 科技管理研究，2006（4）：1-3.

② 张志娟，刘萍萍，王开阳，等．国外科技创新治理的典型政策工具运用实践及启示［J］. 科技导报，2020，38（5）：26-35.

媒体等有序参与治理全过程的监督与反馈。”① 同时，也要通过拟定自愿协议类治理工具推动政府、科学共同体、社会公众等主体之间建立起联防共治体系，避免每一议题发起时均需耗费大量资源建立新的协商体系。自愿型治理工具追求的是政策议程中的程序公平（公正、公开），通过相对明确的法权关系，减少灰色交易的发生频率②，增强公众对政府和科学共同体的信任程度。

程序性治理工具的使用，体现出治理实践执行者与决策者的分离，政府开始逐步淡出政策执行环节，转而关注与政策共识的达成、监管机制的完善、主体对话交流体系的构建。政府关注于规划而不是执行，开始逐步淡出直接的公共服务提供，转而通过主导服务外包和服务标准拟定的形式实现科技治理目标。政府要在科技治理实践中，构建起社会资本为智力“打工”新格局。加快建设国家科技金融创新中心，成立北京市科技金融专业委员会。建立“科技信贷综合服务平台”，采取贷款风险补偿、贷款风险备偿等方式，引导银行业金融机构加大对科技型企业的信贷投入力度。全市 20 余家科技信贷机构或特色支行，推出“投贷一体化”“未来之星”等 100 余个科技金融产品。推动成立首都科技发展集团公司，打造从“原始创新”“知识产权”到成果应用的“前孵化”新型融资平台。设立“高精尖”产业发展基金、前孵化成果转化基金、战略性新兴产业引导基金、中小企业创投引导基金等各类基金 26 只，金额近 70 亿元，初步形成涵盖技术创新和成果转化全链条、多领域的基金格局③。

在当前的科技治理实践中，我国各级政府已经将关注点逐步转移到程序性治理工具的建构上，为各治理主体搭建博弈与联合的平台，实现科技治理资源的高效运转。作为我国高新技术园区代表的北京中关村管委会就在程序性科技治理工具的建构上取得一系列突出的成果，有效推动了中关村产业结

① 王红梅，谢永乐．基于政策工具视角的美英日大气污染治理模式比较与启示［J］. 中国行政管理，2019（10）：142-148.

② Lang A. Collaborative Governance in Health and Technology Policy：The Use and Effects of Procedural Policy Instruments［J］. Administration and Society，2019，51（2）：272-298.

③ 首都科技发展战略研究院．2016 首都科技创新发展报告［M］. 北京：科学出版社，2016：103.

构的调整和升级。中关村在程序性治理工具的建构上充分利用上级部门的政策优势，以建设国家科技金融创新中心为核心，出台一系列的科技金融政策，为中关村技术创新和研发推广提供制度保障和政策扶持，中关村出台多项科技金融公共政策。在工作机制、创业投资、融资租赁、改制上市、风险补偿机制等方面，出台专项扶持政策，充分发挥财政资金的杠杆作用，引导金融机构开展科技金融产品创新。中关村基本建成了北京中关村作为我国第一个国家级高科技园区，在科技金融方面积累了丰富的经验。自 2012 年国家发展与改革委员会、科技部、财政部等九部委与北京市人民政府联合发布了《关于中关村国家自主创新示范区建设国家科技金融创新中心的意见》以来，中关村围绕企业信用体系、融资服务平台、特色金融产品、互联网金融模式等方面，打造覆盖企业全生命周期、“一条龙”的科技金融服务体系。模式创新——积极发展互联网金融，创新科技金融模式。中关村充分利用互联网产业和金融业高度发达的双重优势，积极布局互联网金融，探索科技金融发展新模式，积极支持海淀区建设互联网金融产业基地，着力推动互联网金融产业集聚发展。2013 年，成立了全国第一家互联网金融行业自律组织——中关村互联网金融行业协会，组织启动了中关村互联网金融信用信息平台建设，通过整合权威数据资源和会员企业信用信息，进行深入的数据挖掘分析，解决互联网金融模式下企业信用管理面临的重大问题。目前，中关村在第三方支付、众筹融资、网络小额贷款、P2P、信用风险管理等领域涌现出一大批优秀企业，互联网金融创新中心已初具雏形，总体发展处于全国领先水平。北京市结合本地区科技研发与管理现状，以政府科技责任的明确来完善科技治理体系和推动科技治理议题进程。按照北京市委十一届五次全会“充分发挥科技资源优势，不断提高自主创新功能”的部署要求，全市紧紧围绕首都城市战略定位，不断强化全国科技创新中心核心功能，积极构建“1+N”创新政策体系，深入实施技术创新行动计划，加快推动协同创新共同体建设①。

---

① 张同功．新常态下我国科技金融支持体系研究——理论、政策、实证［M］．北京：科学出版社，2016：34-38.

二、优化整合治理工具，提升治理效能

工具范畴侧重的是理论建构，科技治理领域的新形势对于传统的政策工具建构、选择与评价理论提出诸多挑战，“后学院科学”时代科技发展的新特性、多主体参与的不断深入、社会公众参与的效度都显示出当前的科技治理已经不同于以往。如何应对新的科技研发背景下科技风险带来的危害，正确处理好科技研发实践与多元主体参与的关系，对于治理工具的内涵、特质、运行要求、制定标准乃至监控体系都提出了新的要求。为此，需要对科技治理工具范畴进行新的思考与变革，既要保留传统政策工具实践中取得的精髓，又要符合新的科技治理形势需要。在工具的优化整合过程中，必须坚持“以问题为中心，切实提高政府的治理能力。应当改变过去以学科为中心的只是生产方式，加强学研界围绕以问题为导向的解题能力，通过跨学科知识和研究方法的融合，共同对社会问题进行研究并寻找解决办法”①。

择优和整合治理工具。由于科技治理的复杂性、动态性和未知性需要通过治理工具的尝试性组合来实现另一种形式的创新去解决政策困境，单纯创造新的治理工具所带来的执行成本远比治理工具间的择优和整合要高得多。合理的治理工具选择往往是不断尝试中取得的最佳解决方案。在择优和整合治理工具环节，应注意治理工具间不能存在较强的冲突对抗，能够形成关联紧密的工具集群；新形成的治理工具集群能够实现集聚效应，具有功能的互补性，从而在治理实践中形成合力。因此，治理工具的择优与整合应当注重功能的相互匹配与使用频数的合理配比。如欧盟在“欧洲创新峰会”中提出“创新公约”计划，通过治理工具整合形成工具集群推动科技治理，调动相关资源协同创新，促进主体间知识、技能和资金的流动，借助金融工具、监管工具、非正式工具构成均衡的工具组合，确保各项政策和工具能够解决治

① 陈振明，张敏．国内政策工具研究新进展：1998—2016［J］．江苏行政学院学报，2017（6）：109-116.

理难题。[①] 以色列在治理工具的优化整合方面也取得了一系列进展。以色列发展公益性的孵化器，实施“国家科技孵化器计划”，成立公益性孵化器，政府为孵化器内的科技项目提供定额资金借款。倡导专业人士制定孵化器运作政策，采用邀请来自工业、商界和学术机构的专业人士组成一个政策制定委员会的方式，专门制定孵化器政策。政府不直接干预孵化器的经营管理，孵化器由经验丰富且有能力的人担任管理者。[②] 在当前科技治理工具中，增强科技金融治理工具的比重，以政府的制度建构、金融机构的资金投入、科技研发企业的积极参与为核心，打破中小型科技企业在发展中的资金困境带来的发展阻碍。以北京市为例，北京市采取贷款风险补偿、贷款风险备偿等方式，引导银行业金融机构加大对科技型企业的信贷投入力度。全市 20 余家科技信贷机构或特色支行，推出‘投贷一体化’‘未来之星’等 100 余个科技金融产品[③]。北京市充分利用金融工具在科技研发创新中的作用，由政府搭台，完善科技与金融结合的体制机制，规避外部风险，强化治理主体间合作，促进中小型科技企业破除资金瓶颈实现快速发展。

为治理工具预留调整空间。治理工具作为政府实现政策目标的机制和手段，政策环境相对复杂，政策目标群体的社会文化背景、科学文化素质不同，“一刀切”式的治理工具已不再适应复杂的科技治理情景。因此，赋予公众参与权利，为其创造协商空间，使其不受官方治理结构的隐性强制，确保公众与科学家以互补的方式系统整合彼此的诉求，从而参与到更大的政策决策中[④]。根据不同的目标群体动态调整治理工具，使之适应不同的政策环境，

---

① 张志娟，刘萍萍，王开阳，等．国外科技创新治理的典型政策工具运用实践及启示［J］. 科技导报，2020，38（5）：26-35.

② 胡海鹏，袁永，邱丹逸，等．以色列主要科技创新政策及对广东的启示建议［J］. 科技管理研究，2018（9）：32-37.

③ 首都科技发展战略研究院 . 2016 首都科技创新发展报告［M］. 北京：科学出版社，2016：103.

④ Frank F. Participatory Governance as Deliberative Empowerment：The Cultural Politics of Discursive Space［J］. American Review of Public Administration，2006，36（1）：19-40.

可以提升治理绩效。正确预判不同的政策文化环境[①]，为治理工具预留调整空间，成为当前治理工具优化组合的重点和发展方向。

形成治理工具的一致性组合。治理工具创新需要政府和目标群体之间的互动交流，更需要科学共同体的深度参与。通过创新平台建设推动工具创新，加强制度层面的工具创新，改善治理工具执行中的政策环境，减少治理工具执行中的阻碍。如科技管理部门可以借助“合同外包工具”和“分散决策工具”，改变以往单方面的强制行为，与其他主体以平等身份介入科技治理实践。为更好地推进创新治理进程，欧盟通过优化整合治理工具，配套制定或修订相关政策，形成目标、对象、基础和工具一致的政策集群，根据产业链、创新链的上下游关系，设立优先序和衔接点，把处于并列关系的不同政策平行组合起来，调动相关资源协同创新，形成治理工具的一致性组合，使不同治理工具之间能够产生彼此增强的效果[②]。

工具选择与组合对于科技治理领域来说既是机遇，同样也是一种挑战。“政策工具组合中的政策冲突主要发生在封闭类和经济响应类政策工具之间，但它们两者也是相互联系的，而且都需要与其他政策工具配合使用才能有效发挥作用；混合类政策工具在政策工具组合中具有重要协调作用，能减少政策工具的负面效应和多个政策工具间的冲突”。[③] 实现科技治理工具的可行性与可接受性之间的平衡，确保科技治理工具功能在完整的基础上简化政策工具。过程主义论者认为合理的政策工具选择不过是在不断尝试中取得的最佳解决方案。这种观点对于“后学院科学”时代的科技治理问题也提供有益的思考和借鉴，当前科技治理问题的复杂性、动态性和未知性需要通过科技治理工具的尝试性的组合来实现另一种形式的创新去解决政策困境，单纯地创

---

① Whetsell T A, Leiblein M J, Wagner C S. Between Promise and Performance: Science and Technology Policy in Implementation through Network Governance [J]. Science and Public Policy, 2020, 46 (1): 78-91.

② 郭铁成．近年来国外创新治理实践及启示［J］．中国科技论坛，2017（8）：185-192.

③ 江亚洲，郁建兴．重大公共卫生危机治理中的政策工具组合运用——基于中央层面新冠疫情防控政策的文本分析［J］．公共管理学报，2020，17（4）：1-9，163.

造新的科技治理工具和执行成本远比科技治理工具间的选择和组合要大得多。

科技治理工具应用变革与多元治理主体参与治理实践密切相关。政策工具作为政府实现政策目标的机制和手段，其政策实践过程所面对的目标群体、社会文化习俗、科技文化背景乃至行政体制都是各不相同的，面对不同的政策环境、社会文化背景、科学文化认知和政策目标群体，“一刀切”式的政策工具执行方式已经不再适应当前的科技治理形势。因势而动，随形而变，针对不同的治理背景对科技治理政策工具进行动态调整，使之适应不同的政策环境和目标群体的要求，对于政策工具执行力的提升是一个有利因素。但是，如何在政策实践中预判政策环境和文化背景的不同，如何为政策工具预留调整的空间，如何在制定政策工具的过程中将上述因素考虑在内成为当前政策工具改革中的重点和发展方向。要积极构建多种类型政策工具组合与创新应用机制体系，即根据我国当前的大气污染治理现实条件与发展需要，坚持多元化政策工具“灵活组装、创新调试、综合改进”原则，形成结构合理、关系协调、运转灵活的政策工具集合，促使不同类型政策工具间优势互补、扬长避短，在处理好“政府失灵”与“市场失灵”的同时，有效发挥“1+1>2”的效应。①

三、扩大使用非正式治理工具，增强治理效能

非正式科技治理工具体现着科技治理工具的发展变革，由传统的强制、刚性治理工具逐步转为志愿、柔性治理工具。非正式科技治理工具，从某种意义上来说是一种诱导性科技治理行为，“这种诱因不一定是经济利益，有时也是某种普世社会价值，它通过外部诱导作用于相对人内心的向善动机来实现相对人的遵从”②。非正式科技治理工具更多的是为多元主体在参与科技治理实践中构建主体间利益协调的缓冲带，以相对平和的方式确保双方实现

① 王红梅，谢永乐．基于政策工具视角的美英日大气污染治理模式比较与启示［J］．中国行政管理，2019（10）：142-148.

② 赵靖芳．政府治理工具的选择与应用研究［D］．上海：华东师范大学，2008：29.

商谈而不是对抗，以博弈取代行政命令，以共同参与取代一元垄断，以权力分享取代权力独享，是非正式科技治理工具的重要实践特征。非正式科技治理工具重视参与主体的主动参与和志愿参与，减少强制性因素对治理主体及其成员带来的反抗、消极抵抗等不合作行为。

凝聚共识、化解冲突。随着治理理念在科技政策与管理领域的传播和践行，在科技治理工具的拟定上，政府开始缩减强制性治理工具的数量及使用频次，转而制定体现规范、公平的非正式科技治理工具，注重治理重心下移与分享行政管理职权。非正式治理工具不以政府权威为基础，转而以事务性职权的让渡为标志，科学共同体和公众在科技议题治理实践中的话语权和政策活动空间不断增强。在科技治理实践中，应进一步增强对非正式治理工具的重视，强化对包括环保素质实践活动、政策协商论坛、社会民意调查、宣传引导等治理工具的使用频率，将其视为凝聚共识、化解冲突的必备选项。例如，在京津冀环境污染治理中，社会参与型治理工具使用频率和比重在不断增加，推动企业签订自愿型环境治理协议，探索出一条水污染治理工具参与和社会监督的新机制。

借助共同利益吸引多元主体积极参与。非正式科技治理工具的优势在于无须政府大规模投入公共资源，只需借助公众及专业性社会组织力量，提升伦理因素在治理工具中的比重，鼓励其他主体积极参与。非正式治理工具虽然对治理主体无法形成足够的约束，但却可以借助共同利益吸引多元主体的参与和协商，以增强治理主体的共识。依靠科学素养较高的“外行专家”参与，对科技治理议题的政策议程环节提供外部凭借与监督，提升治理议题的透明度，确保社会行为者和创新者相互响应，并对治理议题的可接受性、可持续性和社会可取性达成一致。[①] 为更好推进多元主体参与科技治理，欧盟构建了新兴国民协商治理工具——政策实验室，以创新设计为导向，将公众、

① Shumaisa S K，Timotijevic L，Newton R. The Framing of Innovation among European Research Funding Actors：Assessing the Potential for “Responsible Research and Innovation” in the Food and Health Domain［J］. Food Policy，2016，62（7）：78-87.

企业、研发机构等主体融入公共部门的政策研究过程中，采用囊括所有利益相关者的创新方法来设计治理政策。政策实验室面向用户的角度调整科技治理的重点和切入点，用政策协商实验测试治理工具的有效性与合理性。①

扩展协商对话空间。非正式治理工具是一种诱导性治理行为，推动各方主体在特定限度内达成诉求一致，以共同利益为触发点破解治理僵局。非正式治理工具的引入代表着磋商交流而非行政指令，代表着治理主体间的对话合作而非对抗冲突，倡导的是多元主体参与下的共建共享共治。例如，欧盟及其成员国借助非正式治理工具——OMC 政策学习构建起共同学习的平台，围绕着欧盟 2020 战略，在共识达成、计划拟订和战略实施上都发挥了重要作用。非正式治理工具重视通过对话、磋商与博弈，提升各方参与的积极性，减少行政命令带来的摩擦冲突，是科技治理效能提升的重要力量。

非正式科技治理工具相比于传统的强制性治理工具，其权威性和约束性较差，无法对其他社会主体在科技治理实践中的行为起到足够的约束和引导，寄希望于以主体间政策共识和共同利益来引导主体接纳和参与到科技治理实践中，以治理主体群体的扩张来增强集体共识的社会接纳度。非正式性科技治理工具在科技治理实践中使用频率不断提升，扮演的角色较以往也日渐重要，这和当前公众的民主参与意识和科学文化素养的提升关系密切，社会公众开始愈发地关注并且有能力参与到更多的社会事务中来，即使在前沿科技成果的研发应用中，也可以借助专业性的社会团体表达自身的诉求和获得最新的研发实践信息。此外，研发费用税收减免、研发费补助、创新券等政策是国际支持企业创新发展常用的普惠性支持手段惠及各类企业，并且此类政策目前的优惠力度从过去的重视大企业转向为重视中小微企业。美国提出常规税收抵免和选择性简化抵免等方式对企业研发活动给予税收抵免。日本面向所有企业设置总量型和增量型研发税收抵免，并针对中小微企业制定特别的研发税收优惠政策。荷兰、新加坡、爱尔兰等国家通过实施创新券政策促

① 张志娟，刘萍萍，王开阳，等．国外科技创新治理的典型政策工具运用实践及启示［J］．科技导报，2020，38（5）：26-35.

进中小企业参与产学研合作，激发创新活力。广东省开展中小微企业科技创新券后补助、创新基金等专项，以及建设孵化育成体系、各级生产力促进中心、科技服务机构、中小微企业技术平台等公共服务平台，为中小微企业成长提供线上线下相结合的开放式综合服务。拓宽科技型中小企业融资渠道，引导科技型企业挂牌上市。①

非正式科技治理工具使用比重的提升，可以看出在科技政策与管理领域，权力的分配格局也由传统的政府一家独大，变为社会公众成为不可忽视的一股力量。非正式科技治理工具的优势在于无须政府大规模地投入公共资源，借助于社会公众及其专业性组织的力量，依靠科学素养较高的“外行专家”的积极参与，对科技治理议题的政策议程环节提供外部凭借与监督，完善政策目标拟定和政策决策实施，培育社会公众及其成员的民主协商和公众参与意识，提高社会公众及其成员参与科技治理事项的能力和水平。

① 胡海鹏，袁永，康捷．国际科技创新治理体系建设经验及对广东的启示［J］．科学管理研究，2019（1）：113-116.

第七章　以政策为导向的科技治理学习机制建设

以政策为导向的学习是建构科技治理机制的关键，它针对科技治理实践中存在的问题，在政策议程的制定与执行中对科技治理主体进行协调，通过引导科技治理主体及其成员在信念与行为取向上的变革，激发科技治理主体间的互动、对话与协商。以科技议题治理为背景，通过以政策为导向的学习，建构主体间对话平台，确保治理主体及其成员在相互联系、相互依赖、相互合作、相互制约的过程中形成彼此认同并能共同遵守的规则，以政策学习的方式调适治理主体的治理诉求，明确科技治理主题在政策议程中的行为边界，提高应对治理困境的执行力。

第一节　政策学习的条件

核心信念与政策诉求的差异，导致科技治理主体在政策实践中形成不同的联盟。联盟内部成员之间对核心议题的认知和信念体系上保持一致，并在政策议程中与其他联盟之间展开对抗，构成政策议程的主要环节。不同的政策联盟之间围绕同一政策议题，由于外部社会环境的变迁引发政策学习，打破原有的政策僵局，在一定范围内达成政策共识并展开相应的政策实践活动。在以政策为导向的学习开展过程中，政策实践的开展往往需要借助核心信念变化和松动，这种多主体间的政策学习往往会围绕某一治理议题的政策议程切入，通过每一治理主体及其成员对治理议题的看法、观点和信念体系的坚守与变革，两方甚至多方在议题看法上的交锋，可以促进治理主体间的对话。鉴于科技治理主体及其成员在相关议题信念上的坚守，以政策为导向的学习的启动往往是因为外部社会环境的变革，对治理主体及其成员的切身利益带来冲击，导致其信念系统的变革，摒弃部分原有核心信念，或者引入其他主体的部分信念原则完善自身的信念系统。

萨巴蒂尔认为，不同的联盟及其成员之间的信念体系，或者至少是信念体系中的次要方面发生变革，双方开展持续有效的建设性辩论，可以视为是以政策为导向的学习过程。在萨巴蒂尔的倡议联盟框架理论中，政策学习的触发要避开双方核心信念的直接冲突，从外围迂回展开，围绕某一可分析的政策问题，借助专业论坛。吸纳政策专家和科研人员展开专业讨论和论辩，在冲突可控的前提下才能实现联盟间的政策学习。以政策为导向的学习，其重要性并不只是表现在科技治理主体信念体系的变迁，外部社会经济环境的变革对治理主体信念与行为取向上的变革，更表现在通过以政策为导向的学习可以促进不同治理主体由原有的对抗或者缺乏合作交流状态，逐步转变为相互信赖、相互合作、协商互动，进而共同应对复杂的科技治理议题实践，建构并完善我国科技治理机制。

一、冲突的程度

萨巴蒂尔和詹金斯-史密斯指出，冲突的程度反映了相互竞争的联盟之间基本理念不相容的程度，分析中产生的冲突直接或间接地威胁到核心价值和观念。分析对核心价值和观念的支持或威胁越是直接，双方投入的成本越大，冲突的程度就越高[①]。因此，剧烈的冲突尤其是威胁到双方核心信念的情况下，对立联盟双方都无法就此作出退让和妥协，这种情况下是很难开展政策学习的。同样地，对立联盟之间因信念导致的冲突引发彼此投入越来越多的资源，这本身对于政策学习也会带来一定阻碍。

在联盟对立的过程中，双方的核心信念往往都是基础性的、理论性的而非经验性的，这导致双方很难直接对彼此的核心信念作出有效的攻击，对抗的触发点往往是次要方面的信念体系。技术性认知、政治和经济因素方面的举措，是双方矛盾触发最多的地方。萨巴蒂尔和詹金斯-史密斯认为：那些成为激烈冲突焦点的事情恰恰反映了核心价值的深层次分歧。当人们认为一场争论的结果对实现核心价值具有关键作用时，一个表面上看似次要的、支持核心理念的技术性争论就有可能成为激烈冲突的焦点。当激烈冲突指向核心理念时，争论却可能看似围绕技术性问题或次要方面而展开。[②] 比如在转基因作物治理中，因对转基因作物认知不同，在转基因作物应用与推广上产生两大对立集团，在双方很难对彼此核心信念产生直接攻击并取得有效效果的情况下，会在转基因作物含混性、转基因作物标识度等问题上出现较为激烈的交锋，以此表明自身在转基因作物推广与监管上的态度。

因此，萨巴蒂尔和詹金斯-史密斯指出：当两个联盟之间针对某个信息充分的问题存在中等程度的冲突时，跨越不同信念体系的以政策为导向的学习最有可能发生。情况可能是这样的：①每个联盟有足够技术资源参与这场辩论；②冲突主要集中于一个联盟信念体系的次要方面和另一个联盟的核心因素之间，或者，集中于两个联盟信念体系比较重要的次要方面之间。[③] 所以对于政策学习触发机制来说，并不是双方投入大规模的资源对核心信念展开有效攻击，而是相对缓和的冲突引发联盟间的学习兴趣，愿意就相关问题

①② 保罗·A. 萨巴蒂尔，汉克·C. 詹金斯-史密斯．政策变迁与学习：一种倡议联盟途径［M］. 邓征，译．北京：北京大学出版社，2011：47-48.

③ 保罗·A. 萨巴蒂尔，汉克·C. 詹金斯-史密斯．政策变迁与学习：一种倡议联盟途径［M］. 邓征，译．北京：北京大学出版社，2011：49-51.

投入一定资源展开分析。这种意愿建立的基础是冲突引发的学习所带来的后果对自身联盟的核心信念并无太大影响，不会导致联盟内部及成员因核心信念的破裂引发的联盟解散、重组。联盟双方往往会表现出一定的诚意，愿意在适当的限度内调整彼此的一些观点或者政策，从而为政策学习进程带来积极影响。

二、问题的可分析性

萨巴蒂尔认为：相比那些只有定性数据和理论、主观性强，或缺乏数据、理论支持的政策问题，那些具有被接受的量化数据和理论支持的政策问题更容易引发以政策为导向的学习。关涉自然体系的政策问题比仅关涉社会和政治体系的政策问题更容易引发以政策为导向的学习，因为前者的很多关键变量本身不是活跃的战略因素，控制实验更加可信。① 变量的客观确定与可控制性对于联盟间信念体系的调整、冲突的缓和乃至解决具有重要影响。

在以自然科学问题或技术标准认知差异为核心的联盟之间，其问题的有效解决往往可以通过理论的革新、技术突破、认知标准统一、实践检验等具有明确标准、数据做支撑的实践加以解决，此类情况下的对立联盟往往是技术性发展不足所导致的。但在大部分政策领域，双方核心信念相对来说是复杂的，既有技术性认知的差异，更有价值取向、文化传统、社会环境等非技术性因素的影响。这里的政策分析过程无法做到类似自然科学那么精确与规范。在长期的政策实践中，政策双方也构建彼此认可的政策分析与咨询议程来应对认知差异与利益博弈引发的联盟冲突。在既定的政策领域，政策分析者们通常会根据手头的政策主体确认通用的数据、概念、理论来源并加以应用。这些通用的工具为说服政策子系统成员与政策相关的论断的准确性提供了认识论的基础。当有关一个问题的分析技术、理论和数据发展成熟并被大家广泛接受，就可以用通用的标准来评估相关论断的准确性。同样重要的是存在大家都

---

① 保罗·A. 萨巴蒂尔，汉克·C. 詹金斯-史密斯. 政策变迁与学习：一种倡议联盟途径［M］. 邓征，译. 北京：北京大学出版社，2011：49-51.

认可的、可以用来比较各种政策选择的价值和目标。在有些政策问题上，专业上所能接受的分析的分歧程度是很小的，这些问题就具有可分析性。[①]

与此相对应，某一政策领域的相关理论基础并不成熟，实验数据与政策实践无法支撑一个双方认可的通用标准。此时不同联盟就可以利用标准的不一致选择符合自身诉求的观点来维护其核心信念，双方很难由一个共同的认知触发机制推动政策学习，联盟间因信念差异、认知分歧所导致的对抗往往无法得到有效的缓解。此时政策学习的触发，往往只能通过对某一联盟力量的增强或削弱来推动。因此，一个政策问题的可分析性越强，就越有可能通过分析来修正互相竞争的信念体系，解决政策子系统的冲突。相反地，不能分析的政策问题则允许大量似是而非的分析立场存在，使信念体系相互冲突的政策子系统参与者们可以随意倡导、辩护他们各自的论点。因而，政策问题的不可分析性减少了冲突中信念体系的调整和以政策为导向的学习[②]。

三、专业论坛的存在

冲突的程度是可控的（指向信念体系的次要方面）、问题具有可分析性（数据支撑或理论架构中某一部分是成熟并为双方所认可的），在这两点满足的情况下，联盟之间愿意就部分问题展开公开的对话、辩论，试图影响、改变对立联盟在某一问题上的认知，以此来维护和巩固自身的核心信念。专业论坛是联盟间展开政策学习的重要方式。论坛的专业性而不是开放性，是决定政策学习有效性的关键。构建论坛、分配资源、派员参加，是为了就政策问题展开商谈对话，那么以下两个因素则相对比较关键，对参加辩论的人进行某种筛选，也许能够确保参加的人使用通用的分析语言，并找到分析论证问题的平台；对参与辩论的人进行筛选可能会限制论坛中出现的信念体系的数量以及它们之间的冲突程度[③]。

---

①②③　保罗·A. 萨巴蒂尔，汉克·C. 詹金斯-史密斯 . 政策变迁与学习：一种倡议联盟途径［M］. 邓征，译 . 北京：北京大学出版社，2011：49-52.

公开性的论坛本身就缺乏科学调查的统一规范以及对竞争性经验问题的解决方案，并允许参加者发表不同的意见①。在很多时候，公开性论坛并不有助于问题的解决或者冲突的缓和，公开性的论坛意味着专业性无法得到足够的保证，意味着更多的信念和假设存在其中，参与者均可以自由地表达支撑自身信念体系的观点，往往无法形成有效的政策共识，甚至会对政策学习本身产生不利影响。

对政策决策者来说，就相关问题达成共识才有助于政策实践的开展，公开性论坛的开放式协调与对政策结果的较低追求是不符合其初衷的。所以在很多时候公开性论坛都会采取措施来筛选政策学习的参与者，有对话基础的参与者，对政策议题有一定认知的参与者会受到普遍欢迎。在理想状态下，这样的论坛将由一些分析者组成，他们遵从科学规范、具有共同的理论和经验假设，因而可以解决很多分析上的分歧。②

在很多政策议程中，因为决策者的主导、干预和影响，会导致不同联盟在无法达成信念一致的前提下取得暂时的政策共识，这种论坛的参与者往往是由一定的倾向性，或者按照政策拟定预期展开挑选的。当存在以下论坛时，最有可能发生跨越信念体系的以政策为导向的学习，声望很高，迫使来自各个联盟的专业人士都参与；由专业规范主导。论坛的特征可以极大地影响应用政策分析的方式。③

第二节　科技治理的多层次学习机制

科技治理机制不同于现代国家治理机制，它的建构与发展依托于“后学

---

①②③　保罗·A. 萨巴蒂尔，汉克·C. 詹金斯-史密斯. 政策变迁与学习：一种倡议联盟途径［M］. 邓征，译. 北京：北京大学出版社，2011：52-53.

院科学”时代科技治理议题的复杂未知，依托于政府、科学共同体和社会公众三方的协调互动，治理议程的发起、政策实践与执行反馈均需要三方主体及其成员的密切合作。科技治理机制本身就是在三方权力共享深化、主体信任增强、政策共识增强的前提下建构并完善的。不同于现代国家治理机制所划分的内部治理机制（信任机制、约束机制和激励机制）和外部治理机制（协同机制、决策机制、监督机制、执行机制）。科技治理的多层次学习机制由核心层（履约与合作机制）、辅助层（认知与协调机制）与影响层（传播与反馈机制）组成。

我国科技治理进程依旧是政府主导科技治理资源的分配，将主体共识与集体选择制度化，科学共同体及其成员具体执行政策议程所达成的相关共识，社会公众要有序介入到治理议程发起、政策拟定和治理议题执行的监督反馈。我国的科技治理机制主要依据政府、科学共同体、社会公众在科技议题治理实践环节，要以协商对话的形式构建起科技治理的多层次学习机制，具体可分为履约与合作机制、认知和协调机制、传播和反馈机制（见图7-1）。在科技治理的多层次学习机制中非正式因素依旧发挥着关键性作用，不同于正式治理机制的强制与约束，以柔性对话机制为治理主体在应对治理实践环节的矛盾冲突时提供缓冲带，是科技治理机制的有机补充。

一、核心层学习，建立履约与合作机制

履约与合作机制，是多元治理主体围绕特定治理议题，“经由共同问题关注、利益碰撞、协商对话、斡旋调停过程，继而达成共识、形成愿景，在积极参与的基础上，建立起联盟合作、共同治理的互动网络关系”①。履约与合作机制是科技治理机制的核心层，重视多元治理主体在科技治理实践中对集体选择、政策共识的制度化建构，以相对明确的法权关系将科技治理主体在协商互动中达成的政策诉求明确下来，并将其在政策议程中内化为可执行

① 谭海波，何植民．论公共治理机制及其整合［J］．社会科学家，2011（2）：108-112.

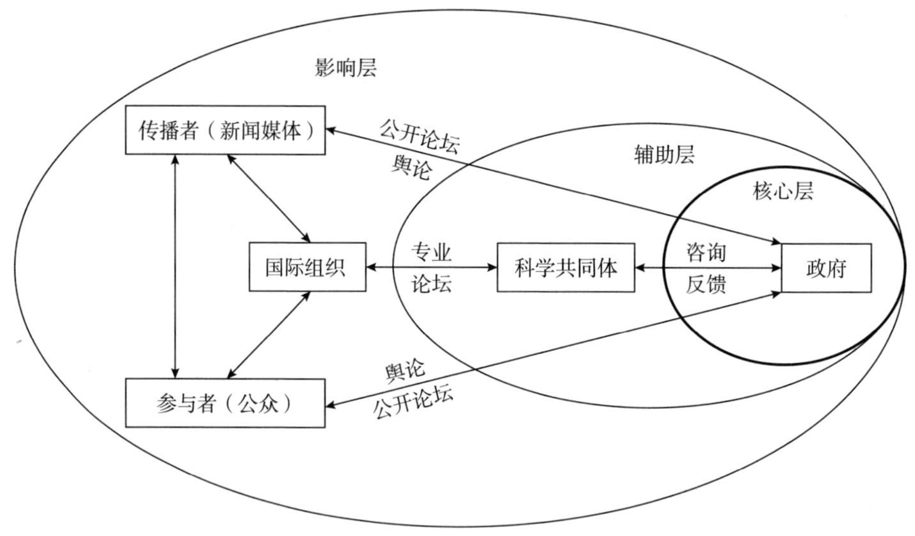

图 7-1　科技治理的多层次学习机制

的治理目标。履约与合作机制以法律法规、制度规范等形式要求治理主体在科技治理实践过程中，尊重各方诉求的基础上有序推进治理进程，并确保治理实践可以加深彼此的政策认同。

以议题驱动取代利益驱动是当前科技治理实践中的新特点，以治理进程的深入巩固主体间的政策共识与利益基础是破解治理困境的重要手段。但是多元治理主体依然要面对复杂的治理形势与利益诉求，单一主体已无法主导科技治理进程。三方均需有序参与到政策议程的发起、拟定与执行，并且明确各自的角色定位与行为边界。各方应知晓在科技治理时代，合作对话而不是任务派发是时代主旋律。以合作取代对抗，以博弈商谈取代分歧冲突，以多元科技治理主体间的利益共识为起点，调和认知分歧并达成政策诉求，以政策议程的启动与治理实践的深入来巩固合作基础，从而达成科技治理目标。

在政策议程启动后，要强化对主体间履约与合作机制的政策引导，为其他治理主体践行集体选择与政策目标提供足够的政策场域，逐步建立起社会信任机制与信息共享机制，为履约与合作机制提供技术性支撑，确保科技治理主体可以获取准确全面的技术研发、应用、传播层面的信息，减少因信息获取的残缺所导致的矛盾甚至毁约行为。履约与合作机制的运行，需要治理主体建构公开透明的合作平台，借助平台展开对话并达成共识，确保集体选择的履行和科技治理目标的实现，通过合作互补与资源共享，克服科技治理困境，提升科技治理效能。理想的科技治理实践是以主体间合作为切入点，政府依旧是权威，但政府的治理重心转变为“协商和协调公民和各种社区团体的利益，营建共同的价值观；”“建设公共、私人和非营利性机构的联盟，以满足相互一致的需求。”①

科技治理进程的顺利开展需要合理的切入点，规避各自为政所带来的治理成本上升的不利局面。各方在面对科技治理困境时，要保持对话的及时有效。政府、科学共同体与社会公众要构建起信息传播的平台，“有效传播必须建立在政府、媒介、公众的全面合作的基础之上，政策传播机制的完善必须对这三者的角色进行合理定位，对它们的关系进行调整，使它们相互之间建立一种良好的合作关系。”② 以信任为纽带，避免科技治理主体间因利益诉求造成的治理停滞，提升科技治理绩效。

二、辅助层学习，建立认知与协调机制

在辅助层学习中，需要以认知与协调机制来解决复杂科技治理形势下各方共识的达成与维护，弱化主体间认知分歧对抗科技治理进程带来的影响，通过共同利益的增加确保多元治理主体以合作对话来应对治理困境。因此，认知与协调机制可以帮助建立科技治理主体及成员之间的对话合作关系。认知与协调机制可以帮助多元科技治理主体达成认知层面的“共识真理”。在科技治理议程前期降低矛盾分歧带来的负面影响，提升各科技治理主体之间的配合度，通过顺畅的信息沟通减少不必要的摩擦与对抗。在实现科技治理

① 汪伟全．论府际管理：兴起及其内容［J］．南京社会科学，2005（9）：62-67.

② 刘雪明，沈志军．公共政策的传播机制［J］．南通大学学报（社会科学版），2011，27（2）：136-140.

主体及其成员凝聚力提升的基础上，确保政策议程与治理实践各个环节相互配合，协调一致。

科技治理的认知与协调机制分为对外部治理形势与内部成员利益诉求两方面。科技治理议程的顺利进行需要主体间的互动合作，需要各主体在利益均衡的基础上，以政策共识和主体信任为纽带展开治理实践。那么，对于相对复杂的外部治理形势，科技治理进程的有序推进，必然是各主体要密切关注外部治理环境和治理议程对主体诉求带来的变化，及时调整自身的策略，固守原有诉求并不符合每个治理主体的利益。

认知与协调机制的建立，需要各科技治理主体遵循共同的认知规范与原则，在对话的基础上达成共识，确保主体之间能够针对某一科技治理议题在认知层面保持一致性，或者至少保证主体间对话的可能。哈贝马斯的商谈伦理指出，要通过“共同认同产生普遍的规范，形成所谓的‘共识真理论’”“他认定商谈伦理的基本原则运用不是独白式的，而是对话式的。这种对话式的商谈论证的基本精神就是相互性、主体间性，即一切有关参与者相互承认。”哈贝马斯强调主体之间的相互性，认为商谈者之间权利和机会的平等，必须通过相互交流、讨论达到相互理解。[①] 主体认知是科技治理主体在参与科技治理实践、表达政策诉求、回应其他主体的治理意愿、关注治理议题实践中对客观存在的主观知觉、判断和体验，是科技治理主体及其成员建立自身治理观的前提。主体认知建构的基础是个体成员的价值观倾向与认知判断，并受到地方性知识、社会价值因素、文化传统等因素的影响。在哈贝马斯看来，“没有主体间的交往行动就没有主体间共识，没有主体间共识就没有凝聚共识、约束行为的规则，没有规则也就没有主体间治理的有序性和有效性。”“主体都是以其他主体的存在为条件，以共同的语言、大家一致认可的规则为互动的媒介。”“主体间一致认同的规则意识的达成是主体间性社会治理的实现和保障”[②]。

---

① 郑召利．程序主义的民主模式与商谈伦理的基本原则［J］．天津社会科学，2006（6）：16-20.

② 张洪武．主体间性视域内的社会治理及条件依存［J］．黑龙江社会科学，2014（1）：26-29.

在科技治理的认知与协调机制建设中，科技治理主体及其成员自身的教育程度、价值倾向、自我学习能力、自我判断能力、信息获取与处理能力对认知机制的建构起到主观层面的影响，地方性知识、社会文化习俗、区域政治传统与政策拟定和执行的惯性、政府公信力是科技治理认知与协调机制建设的社会文化层面的影响因素。比如政府在转基因技术研发推广中，既要关注技术成果应用所带来的风险，也要关注地方文化价值因素与公众的接纳度，及时关注公众对转基因作物研发推广的态度，丰富转基因作物科普宣传内容，创新转基因作物的宣传形式。认知与协调机制中的认知环节，体现着科技信息在传播过程中的“加工”与“再加工”，如何确保信息加工与传播的准确性与完整性是科技治理主体及其成员所面临的一个重要挑战。这需要各方主体的协调配合，科学共同体在分享科技信息、传达新技术应用的前景及技术后果时，要做到全面、准确，减少因自身对信息的过滤或掩盖导致的主体间信任关系的破坏；专业性的非政府组织和媒体作为连接公民、政府、科学共同体之间的关键环节，做到准确、全面。通过灵活多样的治理工具和民主协商形式，综合运用协商、听证、公开论坛、小组讨论、价值敏感性设计等手段，建立健全治理主体及其成员的利益表达机制、对话协商机制和参政议政渠道，提高科技治理主体及其成员对技术研发应用的接纳度与信任度。

三、影响层学习，建立传播与反馈机制

传播与反馈机制是科技治理机制的外部辅助机制，主要由非政府组织、新闻媒体、科学共同体成员组成，以科技治理工具为载体，新媒体为桥梁和媒介，以信息共享、传播与普及为目的，提高多元治理主体及其成员对科技治理议题的接纳度。以治理主体间信任机制建设为纽带，减少不必要的沟通成本，提高对动态发展的治理情境的反应速度，确保三方治理主体可以依据外部形势变化与内部成员利益诉求调整，尽快完成利益关系的调整和治理行为的改变，确保科技治理议程的有序推进。

科技治理的传播机制，是指科技治理主体之间信息传递、交流、共享的

互动过程，以信息的流动实现政策诉求的传达、科技治理目标的整合、科技治理主体间政策共识的达成。传播机制关注的是治理信息的流通与共享，确保主体间治理意愿、政策诉求、议题认知、技术信息传递、共享的便捷和畅通，传播本质是为满足治理主体对公共信息的需求，尤其是社会公众的信息需求和意愿传达。传播机制的建立与公民科学素养的不断提升相辅相成，借助传播机制将相关技术研发信息、安全评估标准、监管协议准则向社会公众开放共享，确保公众可以依据自身的科学素养对相关信息做出评估，降低错误报道对公众的误导。以科技治理的传播机制为中轴，打破政策和科学共同体对政策过程的垄断，在政策实践的早期就引入外部参与和监督，确保政策内容的公开透明，提高社会民众对相关政策决议的接纳度。同时，从政策实践早期引入外部参与可以确保政策受众能够更早地向相关政策决策者表达政策诉求，获得更多的政策活动空间。政府必须通过积极有效的组织协调为公众打造一个经常性的、制度化的政策信息互动平台，确保社会公众拥有一个只有评论政策、表达意愿的空间。① 因此，以技术手段为媒介，提高社会公众对科技信息获取、使用、分享的便捷度与全面性。同时定期举办学术交流活动，促进科学知识的传播、普及，还可以借助出版物、学术论文等形式介绍学科前沿的发展情况，帮助其他治理主体了解学科热点议题的发展趋势。充分利用互联网、移动终端、社交软件等现代信息技术手段，推动各治理主体及成员之间实现有效沟通、公共决策互动、民间互动、强化社会监督，切实促进科技治理实践进程。

经由各治理主体认可接纳的政策方案方可投入科技治理实践，但这并不意味着科技治理议程的完成。治理方案在复杂的政策环境中会遇到各种治理困境，因执行组织或偏差所导致的共同治理目标的偏移，影响治理议题的顺利解决，这需要及时对治理实践进行跟踪和反馈，全面了解治理议程执行情况，以确定治理实践所取得的治理绩效与付出的治理成本是否符合原初拟定

① 孙迎春．国外政府跨部门合作机制的探索与研究［J］．中国行政管理，2010（7）：102-105.

的治理目标。反馈实际上就是对执行环节的信息回流，是对自身进行管理控制的一种重要手段。为保证科技治理方案的顺利执行和科技治理目标的实现，对执行情况进行跟踪和收集信息，并把相关信息输回到治理主体及其成员的一种控制行为。反馈的必要性取决于治理方案本身的预测性和风险性与客观环境的不稳定性和复杂性。治理实践运作是在一定的时间、空间等客观环境中进行的，这些客观环境的变化必然影响和制约治理方案的实施，从而进一步要求治理方案的修正和调整。在科技治理运作过程中主客体的变化，会对科技治理方案的实施产生影响，要求科技治理方案的相应修改和调整。治理方案的预期性和抽象性不可避免地导致科技治理执行过程中出现某种失误或偏差，必然要求治理方案的更新和调整。这些都要求治理主体对治理方案的执行活动实施必要的信息反馈，从而在研究和分析反馈信息的基础上修改和调整方案，确保治理目标的最终实现。

结　语

科技治理的柔性模式与多层次的科技治理机制共同构成我国科技治理体系，以前沿热点科技议题为关注点，倡导多元化的主体参与，重视发挥科技型 NGO 组织尤其是科协的作用，通过集体选择的做出、践行与维护来确保治理实践方向的正确性与治理绩效的稳步提升；以多元参与、民主协商、互动合作应对科技治理风险；重视政府在治理实践中的辅助性制度建设、科学共同体的负责任创新以及公民社会的积极主动参与，通过多方主体共同拟定科技创新规划，参与科技资源的配置中，更好地提升治理绩效并且降低治理成本；重视多元主体的话语权和政策参与空间建设，通过灵活多样的治理工具展开科技管理实践活动，借助技术利基实现我国光伏发电产业的协调有序发展。科技治理体系特别关注政府、科学共同体和公民社会在治理实践中所扮演的角色，强调三方主体各自承担的角色、职责与权力的互动方式，在科技政策与管理领域形成一种新的社会秩序，协调主体利益诉求，达成新的合作共识。科技治理工具的创新与综合使用也是科技治理体系关注的重点，科技治理工具与一般政策工具的不同之处在于，使用主体从政府扩展到科学共同体和公民社会，程序性治理工具与非正式治理工具比重提升也是科技治理工具创新的特色，各种技术转移平台和科技金融工具广泛应用到科技治理实践中。科技治理体系还特别关注科技治理机制的建设，通过三个层面的以政策为导向的学习，建立履约与合作机制、认知与协调机制、传播与反馈机制。

综上所述，科技治理体系研究意义重大，但研究才刚刚开始，还有许多不成熟的地方，还有许多问题值得研究。例如，三大科技治理主体在治理体系中的互动方式尚需进一步研究完善；如何调适程序性治理工具和实质性治理工具的比重与作用，也需进一步研究；如何把科技治理的柔性模式与机制运用于科技治理的实践，做进一步的实证研究。因此，希望能够通过，广泛听取和吸收专家提出的意见和建议，为后续做进一步的探讨和研究，以使该研究更加的丰富和深入。

参考文献

英文著作

[1] Bevir M. A Theory of Governance [M]. Berkeley: University of California Press, 2013.

[2] Ostrom E, Schroeder L Wynne S. Institutional Incentives and Sustainable Development Infranstructure Policies in Perspective, Boulder [M]. CO: Westview Press, 1993.

[3] Rosennau J N, Otto C E. Governance without Govern-ment: Order and Change in World Politics [M]. Cambridge: Cambridge University Press, 1992.

[4] Nye J, Donahue J. Governance in a Globalizing World [M]. Washington DC: Brooking Institution Press, 2000.

[5] Lyall C. New Modes of Governance: Developing an Integrated Policy Approach to Science, Technology, Risk and the Environment [M]. Aldershot: Ashgate Publishing Ltd., 2005.

[6] Morgan D F, Cook B J. New Public Governance: A Regime-centered Perspective [M]. Armonk, New York: M. E. Sharpe, Inc., 2014.

[7] Ostrom E, Schroeder L, Wynne S. Institutional Incentives and Sustainable Development Infranstructure Policies in Perspective, Boulder [M]. CO: Westview

Press, 1993.

[8] Lyall C, Tait J. The Governance of Technology, New Modes of Governance. Developing an Integrated Policy Approach to Science, Technology. Risk and the Environment [M]. Aldershot: Ashgate, 2005.

[9] Peters B G, Van Nispen F K M. Public Policy Instruments [M]. Northampton, MA: Edward Elgar, 1998.

[10] May P J, Reymond J Burby, Neil J Ericksen, John W Handmer, Jennifer E Dixon, Sarah Michaels, D Ingle Smith, et al. Environmental Management and Governance: Intergovernmental Approaches to Hazards and Sustainability [M]. New York: Routledge, 1996.

[11] Radin A B. New Governance for Rural American [M]. Kansas: University Press of Kansas, 1996.

[12] Türke R E. Governance: Systemic Foundation and Framework [M]. Heidelberg: Physica-verlag, 2008.

[13] Rhodes R A W. Understanding Governance: Policy Networks, Governance, Reflexivity and Accountability [M]. Buckingham: Open University Press, 1997.

[14] Rikowski R. Knowledge Management: Social, Cultural, and Theoretical Perspectives [M]. Oxford: Chandos Publishing, 2007.

英文论文

[1] Ansell C, Gash A. Collaborative Governance in Theory and Practice [J]. Journal of Public Administration Research and Theory, 2008, 18 (4): 543-571.

[2] Attar A, Genus A. Framing Public Engagement: A Critical Discourse Analysis of GM Nation? [J]. Technological Focasting and Social Change, 2014, 88: 241-250.

[3] Bevir M. Democratic Governance: Systems and Radical Perspective [J]. Public Administration Review, 2006, 66 (3): 426-436.

[4] Bickerstaff K, Lorenzoni I, Jones M, et al. Locating Scientific Citizenship: The Institutional Contexts and Cultures of Public Engagement [J]. Science Technology & Human Values, 2010, 35 (4): 474-500.

[5] Braun K, Kropp C. Beyond Speaking Truth: Institutional Responses to Uncertainty in Scientific Governance [J]. Science, Technology & Human Values, 2010, 35 (6): 771-782.

[6] Burgess J, Stirling A, Clark J, et al. Deliberative Mapping: A Novel Analytic-deliberative Methodology to Support Contested Science-policy Decisions [J]. Public Understanding of Science, 2007 (16): 299-322.

[7] Crespy C, Heraud J, Perry B. Multi-level Governance, Regions and Science in France: Between Competition and Equality [J]. Regional Studies, 2007, 41 (8): 1069-1084.

[8] Dingwerth K, Pattberg P. Global Governance as a Perspective on World Politics [J]. Global Governance, 2006, 12 (2): 185-203.

[9] Elizabeth A. Policy Change and Learning in Response to Extreme Flood Events in Hungary: An Advocacy Coalition Approach [J]. Policy Studies Journal, 2011 (39): 485-511.

[10] Emerson K, Nabatchi T, Balogh S. An Integrative Framework for Collaborative Governance [J]. Journal of Public Administration Research and Theory, 2011, 22 (1): 1-30.

[11] Frank F. Participatory Governance as Deliberative Empowerment: The Cultural Politics of Discursive Space [J]. American Review of Public Administration, 2006, 36 (1): 19-40.

[12] Friedman J, Kahn J P H, Borning A. Value Sensitive Design and Information System [J]. Human-computer Interaction in Management Information Sys-

tem: Founations, 2006, 5: 348-372.

[13] Fung A. Varieties of Participation in Complex Governance [J]. Public Administration Review, 2006, 66 (S): 66-75.

[14] Guston D H. Building the Capacity for Public Engagement with Science in the United States [J]. Public Understanding of Science, 2014, 23 (1): 53-59.

[15] Hagendijk R, Irwin A. Public Deliberation and Governance: Engaging with Science and Technology in Contemporary Europe [J]. Minerva, 2006, 44 (2): 167-184.

[16] Heap B. European Should Rethink Its Stance on GM Crops [J]. Nature, 2013, 498 (7455): 409.

[17] Howlett M, Ramesh M. Achilles Heels of Governance: Critical Capacity Definits and Their Role in Governance Failures [J]. Regulation & Governance, 2015, 9 (3): 1-13.

[18] Huesting H E. Global Adoption of Gentically Modified (GM) Crops: Challenges for the Public Sector [J]. Journal of Agricultural and Food Chemistry, 2016, 64 (2): 394-402.

[19] Irwin A. The Politics of Talk: Coming to Terms with the "New" Scientific Governance [J]. Social Studies of Science, 2006, 36 (2): 199-320.

[20] Ingold K. Network Structures Processes: Coalitions, Power, and Brokerage in Policy [J]. Policy Studies Journal, 2011 (39): 435-459.

[21] Gibbons J H, Gwin H L. Technology and Governance [J]. Technology in Science, 1985, 7 (4): 333-352.

[22] Jones R A L. Reflecting on Public Engagement and Science Policy [J]. Public Understanding of Science, 2014, 23 (1): 27-31.

[23] Jongbloed B, Enders J, Salerno C. Higher Education and Its Communities - Interconnections, Interdependencies and a Research Agenda [J]. Higher

Education, 2008, 56 (3): 303-324.

[24] Kaiser R. Innovation Policy in a Multi-level Governance System: The Changing Institutional Environment for the Establishment of Science-based Industries [C] //M Behrens (Ed.) . Changing Governance of Research and Technology Policy: The European Research Area. U. K. Northampton, Mass Elgar, 2003.

[25] Katz E, Solomon F, Mee W, et al. Evolving Scientific Research Governance in Australia: A Case Study of Engaging Interested Publics in Nanotechnology Research [J]. Public Understanding of Science, 2009, 18 (5): 531-545.

[26] Klijn E, Koppenjan J. Governance Network Theory: Past, Present and Future [J]. Policy & Politics, 2012, 40 (4): 587-606.

[27] Kuhlmann S, Edler J. Scenarios of Technology and Innovation Policies in Europe: Investigating Future Governance [J]. Technological, 2003, 70 (7): 619-637.

[28] Kuhlmann S, Stegmaier P, Konrad K. The Tentative Governance of Emerging Science and Technology—A Conceptual Introduction [J]. Research Policy, 2019, 48 (5): 1091-1097.

[29] Lang A. Collaborative Governance in Health and Technology Policy: The Use and Effects of Procedural Policy Instruments [J]. Administration and Society, 2019, 51 (2): 272-298.

[30] Lezaun J, Soneryd L. Consulting Citizens-Technologies of Elicitation and the Mobility of Publics [J]. Public Understanding of Science, 2007, 16 (3): 279-297.

[31] Linkov I, Satterstrom F K, Steevers J, et al. Multi-criteria Decision Analysis and Environmental Risk Assessment for Nanomaterials [J]. Journal of Nanoparticle Research, 2009, 9 (4): 543-554.

[32] Mol A P J. Environmental Governance in the Information Age the Emergence of Informational Governance [J]. Environment and Planning C-Government

and Policy, 2006, 24 (4): 497-514.

[33] Musiani F. Practice, Plurality, Performativity, and Plumbing: Internet Governance Research Meets Science and Technology Studies [J]. Science Technology & Human Values, 2015, 40 (2): 272-286.

[34] Nelson J, Tim Gorichanaz. Trust as an Ethical Value in Emerging Technology Governance: The Case of Drone Regulation [J]. Technology in Society, 2019, 59 (11): 1-8.

[35] Nowotny H. Engaging with the Political Imaginaries of Science: Near Misses and Future Targets [J]. Public Understanding of Science, 2014, 23 (1): 16-20.

[36] Hoekenga O A, Srinivasan J, Barry G, et al. Compositional Analysis of Genetically Modified (GM) Crops: Key Issues and Future Needs [J]. Journal of Agricultural and Food Chemistry, 2013, 61 (35): 8248-8253.

[37] Parsons W. Modernising Policy-making for the Twenty-first Century: The Professional Model [J]. Public Policy and Administration, 2001, 16 (3): 93-110.

[38] Perry B, May T. Beyond Speaking Truth: Institutional Responses to: An Introduction [J]. Regional Studies, 2007, 41 (8): 1039-1050.

[39] Phil M, Jason C. The Future of Science Governance Publics, Policies, Practices [J]. Environment and Planning C-Government and Policy, 2014, 32 (S1): 530-548.

[40] Pidgeon N, Rogers-Hayden T. Opening up Nanotechnology Dialogue with the Publics: Risk Communication or "Upstream Engagement"? [J]. Health Risk & Society, 2007, 9 (2): 191-210.

[41] Polanyi M. The Republic of Science: Its Political and Economic Theory [J]. Minerva, 1962, 1 (1): 54-73.

[42] Pollitt C. Joined-up Government: A Survey [J]. Political Studies Review, 2003, 1 (1): 34-49.

[43] Renn O, Roco M C. Nanotechnology and the Need for Risk Governance [J]. Journal of Nanoparticle Research, 2006, 8 (2): 153-191.

[44] Rhodes R A W. The New Governance: Governing without Government [J]. Political Studies, 1996, 44 (4): 652-667.

[45] Rhodes R A W. Understanding Governance: Ten Years on [J]. Organization Studies, 2007, 28 (8): 1243-1264.

[46] Shumaisa S K, Timotijevic L, Newton R. The Framing of Innovation among European Research Funding Actors: Assessing the Potential for "Responsible Research and Innovation" in the Food and Health Domain [J]. Food Policy, 2016, 62 (7): 78-87.

[47] Spruijt P, Knol A B, Vasileiadou E, et al. Roles of Scientists as Policy Advisers on Complex Issues: A Literature Review [J]. EnvironmentaL Science & Policy, 2014, 40: 16-25.

[48] Stilsoe J, Lock S J. Why Should We Promote Public Engagement with Science [J]. Public Understanding of Science, 2014, 23 (1): 4-15.

[49] Tamtik M, Sa C M. Policy Learning to Internationalize European Science: Possibilities and Limitations of Open Coordination [J]. Higher Education, 2014, 67 (3): 317-331.

[50] Whetsell T A, Leiblein M J, Wagner C S. Between Promise and Performance: Science and Technology Policy in Implementation through Network Governance [J]. Science and Public Policy, 2020, 46 (1): 78-91.

[51] Wagner C S, Leydesdorff L. Network Structure, Self-Organization, and the Growth of International Collaboration in Science [J]. Research Policy, 2005, 34 (10): 1608-1618.

[52] Von Tunzelmann N. Historical Coevolution of Governance and Technology in the Industrial Revolutions [J]. Technology and the Economy, 2003, 14 (4): 365-384.

[53] PCAST. Federal-State R&D Cooperation: Improving the Likelihood of Success [R]. VA: President's Council of Advisors on Science and Technology, 2007: 7.

中文著作

[1] 迈克尔·豪利特，M. 拉米什．公共政策研究：政策循环与政策子系统［M］. 庞诗，等译．北京：生活·读书·新知三联书店，2006.

[2] B. 盖伊·彼得斯，弗兰斯·K. M. 冯尼斯潘．公共政策工具：对公共管理工具的评价［M］. 顾建光，译．北京：中国人民大学出版社，2007.

[3] 埃莉诺·奥斯特罗姆．公共事物的治理之道：集体行动制度的演进［M］. 余逊达，陈旭东，译．上海：上海三联书店，2000.

[4] 奥斯特罗姆，帕克斯，惠特克．公共服务的制度建构——都市警察服务的制度结构［M］. 宋全喜，任睿，译．上海：上海三联书店，2000.

[5] 保罗·A. 萨巴蒂尔．政策过程理论［M］. 彭宗超，钟开斌，译. 北京：生活·读书·新知三联书店，2004.

[6] 保罗·A. 萨巴蒂尔，汉克·C. 詹金斯-史密斯．政策变迁与学习：一种倡议联盟途径［M］. 邓征，译．北京：北京大学出版社，2011.

[7] 迈克尔·麦金尼斯．多中心体制与地方公共经济［M］. 毛寿龙，李梅，译．上海：上海三联书店，2000.

[8] 希拉·贾萨诺夫．自然的设计：欧美的科学与民主［M］. 尚智丛，李斌，译．上海：上海交通大学出版社，2011.

[9] 小邓肯·麦克雷，戴尔·惠廷顿．面向政策选择的专家建议：科学咨询的流程与实务［M］. 李乐旋，李靖，译．上海：上海交通大学出版社，2010.

[10] 约翰·克莱顿·托马斯．公共决策中的公民参与：公共管理者的新技能与新策略［M］. 孙柏瑛，等译．北京：中国人民大学出版社，2005.

[11] 詹姆斯 N·罗西瑙．没有政府的治理［M］. 张胜军，刘小林，等

译. 南昌：江西人民出版社，2001.

[12] 毛里西奥·帕瑟林·登特里维斯. 作为公共协商的民主：新的视角 [M]. 王英津，等译. 北京：中央编译出版社，2006.

[13] 安吉拉·吉马良斯·佩雷拉，西尔维奥·芬特维兹. 为了政策的科学：新挑战与新机遇 [M]. 宋伟，等译. 上海：上海交通大学出版社，2015.

[14] 海尔格·诺沃特尼，彼得·斯科特，迈克尔·吉本斯. 反思科学：不确定时代的知识与公众 [M]. 冷民，等译. 上海：上海交通大学出版社，2011.

[15] 上议院科学技术特别委员会. 科学与社会 [M]. 张卜天，张东林，译. 北京：北京理工大学出版社，2004.

[16] 史蒂夫·富勒. 科学的统治：开放社会的意识形态与未来 [M]. 刘钝，译. 上海：上海科技教育出版社，2006.

[17] 鲍悦华. 国内外政府宏观科技管理的比较 [M]. 北京：化学工业出版社，2011.

[18] 蔡定剑. 公众参与：欧洲的制度和经验 [M]. 北京：法律出版社，2009.

[19] 陈华. 吸纳与合作：非政府组织与中国社会管理 [M]. 北京：社会科学文献出版社，2011.

[20] 陈强. 主要发达国家的国际科技合作研究 [M]. 北京：清华大学出版社，2015.

[21] 党秀云. 公民社会与公共治理 [M]. 北京：国家行政学院出版社，2014.

[22] 陈振明. 政策科学——公共政策分析导论 [M]. 北京：中国人民大学出版社，2003.

[23] 高洁，袁江洋. 科学无国界：欧盟科技体系研究 [M]. 北京：科学出版社，2015.

[24] 关峻等. 科协科技服务业发展模式研究 [M]. 北京: 科学出版社, 2016.

[25] 国家统计局社会科技和文化产业统计司, 科学技术部创新发展司. 2016 中国科技统计年鉴 [M]. 北京: 中国统计出版社, 2016.

[26] 国际科技战略与政策年度观察研究组. 国际科技战略与政策年度观察 2015 [M]. 北京: 科学出版社, 2016.

[27] 中华人民共和国国务院. "十三五" 国家科技创新规划 [M]. 北京: 人民出版社, 2016.

[28] 国务院参事室科技资源优化配置课题组. 科技资源优化配置与中国发展 [M]. 杭州: 浙江教育出版社, 2015.

[29] 哈贝马斯. 在事实与规范之间: 关于法律和民主法治国的商谈理论 [M]. 童世骏, 译. 北京: 生活·读书·新知三联书店, 2003.

[30] 郝立忠. 科学技术的制度供给 [M]. 上海: 复旦大学出版社, 2008.

[31] 胡家勇. 政府职能转变与政府治理转型 [M]. 广州: 广东经济出版社, 2015.

[32] 孔繁斌. 公共性的再生产: 多中心治理的合作机制建构 [M]. 南京: 江苏人民出版社, 2008.

[33] 雷建锋. 欧盟多层治理与政策 [M]. 北京: 世界知识出版社, 2011.

[34] 李森. 中国科协组织建设 [M]. 北京: 科学出版社, 2015.

[35] 李伟权, 刘新业. 新媒体与政府舆论传播 [M]. 北京: 清华大学出版社, 2015.

[36] 刘波, 李娜. 网络化治理——面向中国地方政府的理论与实践 [M]. 北京: 清华大学出版社, 2014.

[37] 刘兰华. 公共部门组织文化研究: 现状、传播机制的实证分析与变革路径 [M]. 北京: 中国社会科学出版社, 2014.

[38] 陆铭, 任声策. 基于公共治理的科技创新管理研究 [M]. 北

京：化学工业出版社，2010.

［39］毛寿龙．西方政府的治道变革［M］．北京：中国人民大学出版社，1998.

［40］米丹．风险社会与反思性科技价值体系［M］．北京：中国社会科学出版社，2013.

［41］彭森．中国改革年鉴2016［M］．北京：中国经济体制改革杂志社，2016.

［42］清华大学公共管理学院非政府管理（NGO）研究所．中国科协全国学会发展报告（2013）［M］．北京：中国科学技术出版社，2014.

［43］沈荣华，曹胜．政府治理现代化［M］．杭州：浙江大学出版社，2015.

［44］首都科技发展战略研究院．2016首都科技创新发展报告［M］．北京：科学出版社，2016.

［45］苏竣．公共科技政策导论［M］．北京：科学出版社，2014.

［46］王诗宗．治理理论及其中国适用性［M］．杭州：浙江大学出版社，2009.

［47］魏然，周树华，罗文辉．媒介效果与社会变迁［M］．北京：中国人民大学出版社，2016.

［48］吴志成．治理创新：欧洲治理的历史、理论与实践［M］．天津：天津人民出版社，2003.

［49］肖伟．新闻框架论：传播主体的架构与被架构［M］．北京：中国人民大学出版社，2016.

［50］杨涛．公共事务治理机制研究［M］．南京：南京大学出版社，2014.

［51］俞可平．全球化：全球治理［M］．北京：社会科学文献出版社，2003.

［52］俞可平．治理与善治［M］．北京：社会科学文献出版社，2000.

［53］俞可平．中国公民社会的制度环境［M］．北京：北京大学出版社，2006.

［54］张同功．新常态下我国科技金融支持体系研究——理论、政策、

实证［M］. 北京：科学出版社，2016.

［55］张璋. 理性与制度——政府治理工具的选择［M］. 北京：国家行政学院出版社，2006.

［56］中国科学技术协会. 中国科学技术协会统计年鉴 2014［M］. 北京：中国科学技术出版社，2014.

［57］朱春奎. 政策网络与政策工具：理论基础与中国实践［M］. 上海：上海复旦大学出版社，2011.

［58］朱伟. 民意、知识与权力——政策制定过程中公众、专家与政府的互动模式研究［M］. 南京：南京大学出版社，2014.

中文论文

［1］James C. 2013 年全球生物技术/转基因作物商业化发展态势［J］. 中国生物工程杂志，2014，34（1）：1-8.

［2］James C. 2014 年全球生物技术/转基因作物商业化发展态势［J］. 中国生物工程杂志，2015，35（1）：1-14.

［3］Dunwell J M. 转基因作物：欧洲与大洋彼岸的分歧［J］. 世界农业，2014（12）：60-63.

［4］R. A. W. 罗茨. 新的治理［J］. 木易，编译. 马克思主义与现实，1999（5）：42-48.

［5］阿里·卡赞西吉尔，黄纪苏. 治理和科学：治理社会与生产知识的市场式模式［J］. 国际社会科学杂志，1999（1）：69-79.

［6］保罗·福曼. 近期科学：晚现代与后现代［J］. 科学文化评论，2006，3（4）：17-48.

［7］贝娅特·科勒-科赫，贝特霍尔德·里腾伯格，陈新. 欧盟研究中的“治理转向”［J］. 欧洲研究，2007，25（5）：19-40.

［8］彼埃尔·德·塞纳克伦斯，冯炳昆. 治理与国际调节机制的危机［J］. 国际社会科学杂志，1999（1）：91-103.

［9］蔡磊明．主要国际组织关于转基因食品安全性评价的研究动态［J］．农药科学与管理，2001，22（5）：28-32.

［10］蔡绍洪，向秋兰．埃莉诺·奥斯特罗姆自主治理理论的重新解读［J］．当代世界与社会主义（双月刊），2014（6）：132-136.

［11］蔡绍洪，向秋兰．奥斯特罗姆自主治理理论的主要思想及实践意义［J］．贵州财经学院学报，2010（5）：18-24.

［12］蔡英辉，刘晶．府际治理的新理路——行政主体与主体间性的契合［J］．中共浙江省委党校学报，2009（1）：47-51.

［13］陈国庆，邹小婷．哈贝马斯的商谈伦理及其合理性维度［J］．理论导刊，2013（8）：48-51，58.

［14］陈莉莉．非政府组织与转基因食品的发展［J］．浙江农业科学，2011（6）：1212-1215.

［15］陈明明．治理现代化的中国意蕴［J］．人民论坛，2014（4）：20.

［16］陈家昌．我国科技非政府组织的决策参与问题探析［J］．科学学与科学技术管理，2007（11）：29-32，47.

［17］陈强．德国科技创新体系的治理特征及实践启示［J］．社会科学，2015（8）：14-20.

［18］陈琼，曾保根．对当代西方治理理论的解读［J］．行政论坛，2004（9）：90-91.

［19］陈亚芸．转基因食品国际法律冲突协调——试析国际组织“软法”的作用［J］．西部法学评论，2014（5）：54-62.

［20］陈艳，龚承柱，尹自华．中国风能产业政策内在关系及其组合效率动态评价［J］．中国地质大学学报（社会科学版），2019（6）：142-152.

［21］陈艳敏．多中心治理理论：一种公共事务自主治理的制度理论［J］．新疆社科论坛，2007（3）：35-38.

［22］陈咏梅．论法治视野下府际合作的制度创新［J］．广西大学学报（哲学社会科学版），2016（6）：84-88.

［23］陈振明，张成福，周志忍．公共管理理论创新三题［J］．电子科技大学学报（社会科学版），2011（2）：1-5，12.

［24］陈振明，张敏．国内政策工具研究新进展：1998-2016［J］．江苏行政学院学报，2017（6）：109-116.

［25］程郁，王胜光．培育战略性新兴产业的政策选择——风能产业国际政策经验的比较与借鉴［J］．中国科技论坛，2011（3）：146-152.

［26］程志波，李正风．论科学治理中的科学共同体［J］．科学学研究，2012（2）：225-231.

［27］程志波，李正风，王彦雨．科学治理视野下的中国科学共同体：问题与对策［J］．科学学研究，2010（12）：1778-1784.

［28］程志波，王彦雨．科学治理中权威科学家意蕴及其地位与作用演变［J］．科技进步与对策，2013（22）：121-126.

［29］崔会敏．整体性治理：超越新公共管理的治理理论［J］．辽宁行政学院学报，2011，13（7）：20-22.

［30］崔敏华．后现代科学的价值观［J］．福建论坛（社科教育版），2007（8）：124-127.

［31］董新宇，苏竣．科技全球治理下的政府行为研究［J］．中国科技论坛，200（6）：79-82.

［32］樊春良．科学与治理的兴起及其意义［J］．科学学研究，2005（1）：7-13.

［33］樊春良．转基因主粮决策应该扩大公众和社会参与［J］．民主与科学，2010（2）：38-43.

［34］方华基，许为民．科技治理中 NGO 的制度化咨询——以美国国家纳米科技计划为例［J］．自然辩证法通讯，2011（4）：57-63.

［35］方秋明．论技术责任及其落实——走责任伦理与商谈伦理之路［J］．科技进步与对策，2007（5）：47-50.

［36］方卫华，周华．新政策工具与政府治理［J］．中国行政管理，2007

(10)：69-72.

［37］费月．整体性治理：一种新的治理机制［J］．中共浙江省委党校学报，2010，30（1）：67-72.

［38］高昌林，玄兆辉，张越，等．建立政府技术采购制度，促进企业技术创新［J］．科技管理研究，2006（4）：1-3.

［39］高璐．构建 STS 参与进路：从人类基因组计划到英国基因组网络［J］．科学与社会，2014，4（1）：65-79.

［40］格里·斯托克．作为理论的治理：五个论点［J］．华夏风译．国际社会科学杂志，1999（1）：19-30.

［41］顾建光，吴明华．公共政策工具论视角述论［J］．科学学研究，2007（1）：47-51.

［42］郭铁成．近年来国外创新治理实践及启示［J］．中国科技论坛，2017（8）：185-192.

［43］何翔舟，金潇．公共治理理论的发展及其中国定位［J］．学术月刊，2014，46（8）：125-134.

［44］胡海鹏，袁永，康捷．国际科技创新治理体系建设经验及对广东的启示［J］．科学管理研究，2019（1）：113-116.

［45］胡海鹏，袁永，邱丹逸，等．以色列主要科技创新政策及对广东的启示建议［J］．科技管理研究，2018（9）：32-37.

［46］胡加祥．欧盟转基因食品管制机制的历史演进与现实分析——以美国为比较对象［J］．比较法研究，2015（5）：140-148.

［47］胡娟．专家与公众之间："后常规科学"决策模式的转变［J］．自然辩证法研究，2014（8）：21-26.

［48］黄彪文．转基因争论中的科学理性与社会理性的冲突与对话：基于大数据的分析［J］．自然辩证法研究，2016，32（11）：60-65.

［49］黄静晗，郑传芳．公共治理视角下福建政府公共科技服务能力提升研究［J］．中共福建省委党校学报，2014（5）：49-54.

[50] 黄滔．整体性治理理论与相关理论的比较研究 [J]．福建论坛（人文社会科学版），2014（1）：176-179.

[51] 胡春艳．科学共同体实现公共责任的途径选择分析 [J]．科学学研究，2014，32（10）：1447-1453.

[52] 贾宝余．中国转基因作物决策 30 年：历史回顾与科学家角色扮演 [J]．自然辩证法研究，2016（7）：29-34.

[53] 贾鹤鹏，范敬群．知识与价值的博弈——公众质疑转基因的社会学与心理学因素分析 [J]．自然辩证法通讯，2016，38（2）：7-13.

[54] 江亚洲，郁建兴．重大公共卫生危机治理中的政策工具组合运用——基于中央层面新冠疫情防控政策的文本分析 [J]．公共管理学报，2020，17（4）：1-9，163.

[55] 李建军．科学主义与高技术时代的社会危机治理 [J]．自然辩证法研究，2012（5）：93-97.

[56] 李军．国家治理体系下城市社区治理的挑战与创新 [J]．广西大学学报（哲学社会科学版），2015（1）：48-54.

[57] 李平原，刘海潮．探析奥斯特罗姆的多中心治理理论——从政府、市场、社会多元共治的视角 [J]．甘肃理论学刊，2014（5）：127-130.

[58] 李侠，邢润川．后现代视域中科技伦理主体的消解 [J]．现代哲学，2002（3）：41-48.

[59] 刘宝杰．价值敏感设计方法探析 [J]．自然辩证法通讯，2015（2）：94-98.

[60] 刘军，李三虎．科技治理：社会正义与公众参与 [J]．学术研究，2010（6）：21-26.

[61] 刘瑞琳，陈凡．技术设计的创新方法与伦理考量——弗里德曼的价值敏感性设计方法论述评 [J]．东北大学学报（社会科学版），2014，16（3）：232-237.

[62] 刘瑞琳，王健．植入性心脏转复除颤器安全设计的伦理审视——

价值敏感设计方法论应用研究［J］. 医学与哲学，2013，34（8）：51-53，86.

［63］刘玮. 网状治理：公共危机治理的创新与实践［J］. 甘肃社会科学，2015（5）：233-237.

［64］刘卫先. 环境保护视野下国家主权管辖范围之外自然资源权研究——以相关国际条约为基础［J］. 广西大学学报（哲学社会科学版），2016（2）：70-76.

［65］刘雪明，沈志军. 公共政策的传播机制［J］. 南通大学学报（社会科学版），2011，27（2）：136-140.

［66］刘远翔. 美国科技体系治理结构特点及其对我国的启示［J］. 科技进步与对策，2012（6）：96-99.

［67］吕志奎. 公共政策工具的选择——政策执行研究的新视角［J］. 太平洋学报，2006（5）：7-16.

［68］陆道平. 当代政府治理：模式与过程［J］. 西北大学学报（哲学社会科学版），2006（6）：124-126.

［69］马奔. 后常规科学视野下转基因技术决策与协商式公民参与［J］. 江海学刊，2015（2）：117-123.

［70］梅亮，陈劲. 负责任创新：时域视角的概念、框架与政策启示［J］. 科学学与科学技术管理，2016，37（5）：17-23.

［71］莫少群. “科学家的社会责任”问题的由来与发展［J］. 自然辩证法研究，2003（6）：50-53.

［72］齐洁，毛寿龙. 非政府组织健全与社会管理创新——以环保非政府组织为例［J］. 现代管理科学，2015（1）：18-20.

［73］桑明旭. 科学精神的谱系：默顿、齐曼与马克思——兼论科学的公共性价值追求［J］. 科学·经济·社会，2014，32（3）：32-37.

［74］单巍，朱葆伟. 后学院科学中的信任问题［J］. 科学学研究，2013（10）：1465-1471.

［75］宋锡祥．欧盟转基因食品立法规制及其对我国的借鉴意义［J］．上海大学学报（社会科学版），2008（1）：89-96.

［76］宋煜萍．公众参与社会治理：基础、障碍与对策［J］．哲学研究，2014（12）：90-94.

［77］苏竣，董新宇．科学技术的全球治理初探［J］．科学学与科学技术管理，2004（12）：21-26.

［78］孙迎春．国外政府跨部门合作机制的探索与研究［J］．中国行政管理，2010（7）：102-105.

［79］谭海波，何植民．论公共治理机制及其整合［J］．社会科学家，2011（2）：108-112.

［80］谭康林．公民社会组织对欧盟政策制定的影响——以生物技术政策为例［J］．武汉大学学报（哲学社会科学版），2011（4）：102-108.

［81］田凯，黄金．国外治理理论研究：进程与争鸣［J］．政治学研究，2015（6）：47-58.

［82］涂春元．治理理论视角下“责任·责任意识·责任理念”辨析［J］．行政论坛，2006（6）：8-10.

［83］万平，罗洪．民主协商理论渊源探析［J］．前沿，2011（5）：48-52.

［84］王春福．多元治理模式与政府行为的公正性［J］．理论探讨，2012（2）：139-143.

［85］王红梅，谢永乐．基于政策工具视角的美英日大气污染治理模式比较与启示［J］．中国行政管理，2019（10）：142-148.

［86］王家峰．从责任伦理到商谈伦理：行政伦理的边界与框架［J］．伦理学研究，2014（1）：83-89.

［87］王锐．国际组织和世界各国对转基因食品的管理［J］．卫生研究，2007（2）：245-248.

［88］王瑞华．社区治理中社会工作的角色定位［J］．广西大学学报（哲

学社会科学版)，2015 (1)：43-47.

［89］汪伟全．论府际管理：兴起及其内容［J］．南京社会科学，2005 (9)：62-67.

［90］王晓升．论国家治理行动的合法性基础——哈贝马斯商议民主理论的一点启示［J］．湖南社会科学，2015 (1)：10-15.

［91］王小伟，姚禹．负责任地反思负责任创新——技术哲学思路下的RRI［J］．自然辩证法通讯，2017 (6)：37-43.

［92］王雨辰．论科威尔的生态学马克思主义理论［J］．广西大学学报(哲学社会科学版)，2016 (4)：9-17.

［93］王云萍．公共行政人员的个人价值观及其重要性探讨［J］．中共浙江省委党校学报，2005 (1)：67-72.

［94］王志刚．多中心治理理论的起源、发展与演变［J］．东南大学学报(哲学社会科学版)，2009 (S2)：35-37.

［95］魏崇辉．当代中国公共治理理论有效适用：基本方向、工具选择与责任认知［J］．湖北社会科学，2015 (10)：33-37.

［96］翁士洪．整体性治理模式的组织创新［J］．四川行政学院学报，2010 (2)：5-9.

［97］吴永忠．科技创新趋势与国家科技基础条件平台的建设［J］．自然辩证法研究，2004 (9)：73-76.

［98］邢怀滨，苏竣．全球科技治理的权力结构、困境及政策含义［J］．科学学研究，2006 (3)：368-373.

［99］许耀桐，刘祺．当代中国国家治理体系分析［J］．理论探索，2014 (1)：10-14，19.

［100］徐丽丽，田志宏．欧盟转基因作物审批制度及其对我国的启示［J］．中国农业大学学报，2014 (1)：1-10.

［101］徐凌．试论公众参与科技决策［J］．科学技术与辩证法，2007 (2)：94-100，109，112.

[102] 徐治立. 科学治理多元参与政策理念、原则及其模式 [J]. 中国人民大学学报，2011（6）：23-30.

[103] 徐治立，朱晓磊. 论史蒂夫·富勒的科学治理思想 [J]. 北京航空航天大学学报（社会科学版），2013（5）：1-5，26.

[104] 薛桂波. 公众参与科技决策的实践困境及环境优化 [J]. 自然辩证法研究，2009（8）：65-69.

[105] 晏萍，张卫，王前. “负责任创新”的理论与实践述评 [J]. 科学技术哲学研究，2014，31（2）：84-90.

[106] 杨丹华. 政策网络治理及其研究述论 [J]. 理论导刊，2010（7）：89-92.

[107] 杨光飞. “公众评议”之于科学研究的功能 [J]. 自然辩证法研究，2007（6）：66-71.

[108] 杨旭，陈廷栋. 水污染治理政策工具变迁——基于2000—2019年京津冀地区政策文本的考量 [J]. 中共南京市委党校学报，2020（5）：72-82.

[109] 姚丽霞. 从社会契约走向多元化契约：现代科技工作者与政府的关系转型 [J]. 自然辩证法研究，2016（1）：55-60.

[110] 尹雪慧，李正风. 科学家在决策中的角色选择——兼评《诚实的代理人》[J]. 自然辩证法通讯，2012，34（4）：73-77，127.

[111] 游建胜. 福建科协事业发展的实践与探索 [J]. 学会，2014（10）：36-41，46.

[112] 余军华，袁文艺. 公共治理：概念与内涵 [J]. 中国行政管理，2013（12）：52-55，115.

[113] 俞可平. 全球治理引论 [J]. 马克思主义与现实，2002（1）：20-32.

[114] 曾婧婧，钟书华. 论科技治理工具 [J]. 科学学研究，2011（6）：801-807.

[115] 曾婧婧，钟书华．科技治理的模式：一种国际及国内视角 [J]．科学管理研究，2011，29（1）：37-41.

[116] 曾婧婧，钟书华．国内府际科技治理研究综述 [J]．科技管理研究，2011（16）：182-185.

[117] 曾婧婧，钟书华．论科技治理 [J]．科学·经济·社会，2011（1）：113-118.

[118] 张春美．“负责任创新”的伦理意蕴及公共政策选择策略 [J]．自然辩证法研究，2016，32（9）：32-36.

[119] 张洪武．主体间性视域内的社会治理及条件依存 [J]．黑龙江社会科学，2014（1）：26-29.

[120] 张慧敏，陈凡．论技术决策中的公众参与 [J]．科学学研究，2004（5）：476-481.

[121] 张克中．公共治理之道：埃莉诺·奥斯特罗姆理论述评 [J]．政治学研究，2009（6）：83-93.

[122] 张立，王海英．走向混合论坛的科学治理——公众参与科学的进路考察 [J]．江苏大学学报（社会科学版），2011（3）：16-20.

[123] 张明喜．全球科技创新趋势及国家治理改革对政府科技事权的影响 [J]．经济研究参考，2016（3）：3-12.

[124] 张志娟，刘萍萍，王开阳，等．国外科技创新治理的典型政策工具运用实践及启示 [J]．科技导报，2020，38（5）：26-35.

[125] 赵筱媛，苏竣．基于政策工具的公共科技政策分析框架研究 [J]．科学学研究，2007（1）：52-56.

[126] 郑召利．程序主义的民主模式与商谈伦理的基本原则 [J]．天津社会科学，2006（6）：16-20.

[127] 周根才．走向软治理：基层政府治理能力建构的路向 [J]．青海社会科学，2014（5）：35-40，47.

[128] 竺乾威．从新公共管理到整体性治理 [J]．中国行政管理，2008

(10)：52-58.

［129］朱春奎，严敏，曲洁．倡议联盟框架理论研究进展与展望［J］．复旦公共行政评论，2012（1）：186-215.

［130］朱德米．网络状公共治理：合作与共治［J］．华中师范大学学报（人文社会科学版），2004（2）：5-13.

［131］朱喜群．论政府治理工具的选择［J］．行政与法（吉林省行政学院学报），2006（3）：39-41.

［132］庄晓惠，杨胜平．参与式治理的发生逻辑、功能价值与机制构建［J］．吉首大学学报（社会科学版），2015，36（5）：76-81.

学位论文

［1］蔡全胜．治理：合作网络的视野［D］．厦门：厦门大学，2002.

［2］崔先维．政策网络中政策工具的选择：问题、对策及启示［D］．长春：吉林大学，2007.

［3］董悦．各国转基因农产品安全管理的国际比较及综合评价［D］．武汉：华中农业大学，2011.

［4］侯灵艺．埃莉诺·奥斯特罗姆公共治理思想研究［D］．长沙：湖南师范大学，2008.

［5］纪美云．中国光伏产业发展路径研究——基于社会技术多层次视角的分析［D］．保定：华北电力大学，2015.

［6］李辉．论协同型政府［D］．长春：吉林大学，2010.

［7］李默涵．网络化治理：一种新兴的政府治理模式［D］．上海：东华大学，2011.

［8］刘玮．转基因食品安全监管法律制度研究［D］．郑州：河南大学，2014.

［9］陶丹萍．网络治理理论及其应用研究——一个公共管理新途径的阐释［D］．上海：上海交通大学，2008.

［10］王艺．价值敏感设计研究［D］．太原：太原理工大学，2016.

［11］王萌西．政策工具的价值冲突及其选择［D］．青岛：中国海洋大学，2009.

［12］奚凯．WTO 体制下自由贸易与环境保护之间的矛盾与协调——以欧共体生物技术产品案为例［D］．长春：吉林大学，2010.

［13］熊玉婷．科技政策工具的选择与群体行为的研究［D］．上海：上海交通大学，2014.

［14］徐程．政府工具与政府治理——从工具视角看当代政府改革［D］．厦门：厦门大学，2006.

［15］徐越倩．治理的兴起与国家角色的转型［D］．杭州：浙江大学，2009.

［16］杨洪刚．中国环境政策工具的实施效果及其选择研究［D］．上海：复旦大学，2009.

［17］张浩鹏．巴蒂亚·弗里德曼价值敏感性设计研究［D］．南京：东南大学，2015.

［18］赵靖芳．政府治理工具的选择与应用研究［D］．上海：华东师范大学，2008.

［19］周萍入．公众和科学家对转基因食品风险认知的比较研究［D］．武汉：华中农业大学，2012.

后　记

每一段求学历程都是美好的，都会遇到一些美好的事物，值得珍惜与回味。二十余载求学生涯终于在此刻画上一个正式的句号，但是接下来的研究生涯或许才刚刚开始。无论快还是慢，此刻在厦大图书馆中，坐在最习惯的位置，拂去夏日的燥热后，看着馆外熟悉的风景和身边变换的人儿，总有那么一些独属于自己的味道在其中。

首先感谢陈喜乐老师。五年的求学生涯，回首过往，数不清多少次在陈老师书房中对我耳提面命，耐心指点我在学术研究中存在的不足之处。陈老师在我的成长旅程中付出了太多的心血，硕士阶段对我进行的专业训练让我能够尽早地适应学术研究，让我在科技政策与管理领域尽快踏上正确的研究道路。在选择硕博连读之后，陈老师无论是在博士论文选题、大纲拟定、文章修改，还是在学术论文发表上，都为我付出良多。在三年的读博岁月中，也正是陈老师在身边的谆谆教诲，让我不敢随意懈怠。从选题初定的未知忐忑，到论文写作中期迟迟无法取得进展，很多都是陈老师主动和我商谈，提供了太多宝贵的建议。

同样要感谢的还有人文学院哲学系的徐梦秋教授、曹志平教授、陈墀成教授、欧阳锋教授、陈玲教授和杨仕健老师等。在开题报告、中期考核和预答辩中，各位老师在论文结构和写作重点上给予了我很多宝贵的建议，帮助我较快地完成论文写作。在此还要感谢贺威副教授，在论文写作最苦恼的时候，贺老师在论文写作重点上指导良多，他总能够以独特的视角让我豁然开朗。

一路走来，在美丽吵闹的厦大校园里，遇到很多学识渊博而又风趣幽默的同人，对我是莫大的幸运。在博士论文写作的日子里，有苦恼和彷徨的时光，也有取得突破的时刻，幸好有你们分享我的喜怒哀乐，宽容我偶尔的坏脾气。博士生活总是不疯魔不成活，没有经历过那些为了论文一筹莫展的孤独岁月，就不会明白你们在我生命中的那一笔浓墨重彩。感谢哲学 14 级博士这个大家庭，那么多次的欢聚，让彼此可以找到一个港湾，能够在疲惫的时候，聊聊天，加加油，再出发。当然，感谢凌云这个独有的词汇，让我们一群好哥们可以打破系别和年级，在凌云山上谈古论今，为博士阶段点缀出不一样的色彩。

感谢大哥、大嫂在求学的日子里为我指点迷津，大哥从小就为我付出很多，他用自己的实际行动告诉我怎样才能从农村走出去，站起来，扛得住。在博士论文写作、就业找工作最艰苦的时候，大哥大嫂给予诸多关心和帮助，能够让我尽管遇到挫折也能够保持冷静、乐观。也谢谢二哥、二嫂在求学的日子里对我的关心和帮助，二哥这么多年在外打工很辛苦，体力劳动之余也总不忘他的弟弟在学校钱是否够花，吃不吃得饱。还要感谢我的妻子赵莉花，高中相识，大学相恋，异地六年，有过争吵但却从未放开彼此的手，感谢彼此对这份感情认真的守护，而今也终于迈入婚姻的殿堂。五年厦大时光，中间有很多艰难曲折，因为你的理解与宽容，才能让我克服困难、轻装上阵。最后，感谢含辛茹苦的父母，一生操劳，吃过太多的苦，却也咬牙坚持，抚育我们兄弟三个长大成人。正因为小时候吃过太多的苦，见识过太多的人情冷暖，才知道如今的不易，感谢二老这么多年的辛苦付出。

于我自己而言，读博岁月，很少有海边散步的洒脱，也没有追逐落日的兴致，更没有漫步鼓浪屿的快乐时光，更多的是一种时不我待的压力，时刻伴随着自己。回首往日时光，依然觉得泡在图书馆的生活同样是丰富多彩，别有一番滋味不足为外人道也。而今踏上新的工作岗位，只希望自己能够继续前进的脚步，做自己喜欢的事情。

朱本用